ブルーチーズドリーマー

世界一のチーズをつくる。

旭川市 江丹別町

Access
伊勢ファーム Cow＆Calf

お車でお越しの方
道央道旭川鷹栖ICから車で約30分

JRでお越しの方
JR函館本線旭川駅から車で約50分

江丹別町 拓北地区 MAP

伊勢ファーム
Cow＆Calf カウアンドカーフ

北海道旭川市江丹別町拓北214
駐車場／あり（無料）
営業時間／13時〜17時（土曜・日曜・祝日は10時〜18時）
定休日／火曜日、冬季は休業

「江丹別の青いチーズ」は現在、伊勢ファームの敷地内にある直営店「Cow&Calf（カウアンドカーフ）」をはじめ、新千歳空港と旭川空港の一部ショップ、オンライン等で購入可能。生産量が少ないため、売り切れ必須です。また、伊勢ファームオリジナルのソフトクリームも販売中。ジャージー乳の濃厚な味わいで、ソフトクリーム好きにおすすめです！

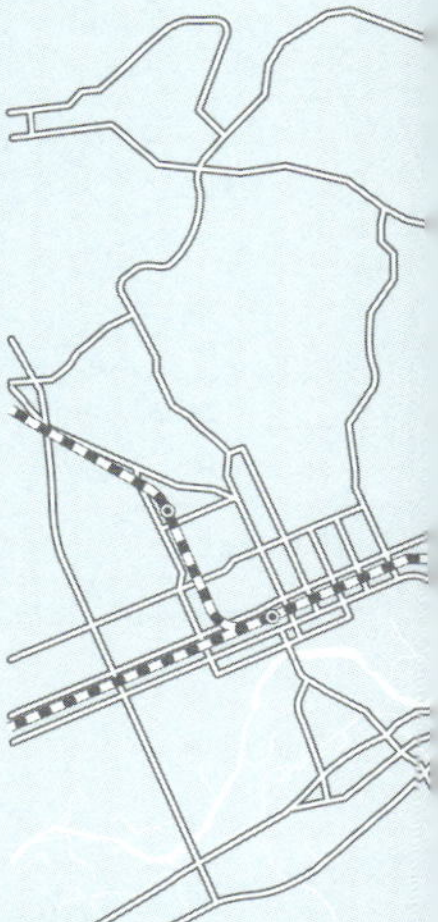

江丹別の
青いチーズ
COW & CAL
江丹別の
青いチーズ
COW & CAL
国士無双

「日本航空と申します…… つきましては、
当社国際線ファーストクラス機内食に、
御社の江丹別の青いチーズを採用させてもらえないでしょうか」

2012年2月。

自宅にかかってきた、この一本の電話が僕の人生を変えました。

体が震えたのを今でも覚えています。

ファーストクラス機内食に採用以来、テレビやイベントにひっぱりだこ。イベント会場では完売続き。チーズを買い求めようと全国から江丹別まで大勢のお客さんがお見えになりました。「青カビ王子」の称号をいただき、今までの苦労が報われたと思った矢先の3ヶ月後、今度は僕の顔が青くなり、またしても体が震えました。

ある朝、起きてみると、
チーズにカビが生えていませんでした……

ブルーチーズドリーマー
世界一のチーズをつくる。

第一章
それ、やります。チーズつくります。

第二章

カビのない青いチーズ。

第三章

ANA物語。

ブルーチーズ豆知識

ブルーチーズ豆知識

第四章

ものづくりから場所づくりへ。

カバー写真／宮下正寛

はじめに

みなさんこんにちは、ブルーチーズドリーマーの伊勢昇平です。

ブルーチーズドリーマー？　何それ？　と思われる方も多いでしょう。というかほとんどだと思います。これは世界にひとつだけの僕だけの職業です。ちなみにこの本のカバーの少し派手な服は世界で1枚の青カビパーカーです。デザイナーの友人に頼んで自分のチーズの断面を迷彩柄にデザインしてもらい、採寸から全て手づくりしてもらった特注品です。ブルーチーズドリーマーだけが着られる特別な1枚です。

そして僕の仕事はブルーチーズで夢を叶えること。どんな夢かと言いますと、それは「世界一のチーズを故郷の江丹別でつくる」ことです。なぜそんな夢を持つようになったのか？　なぜそもそもブルーチーズなのか？　なぜ世界一を目指すのか？　世界一の基準は何か？　そんな思いを発信したいという情熱と同時に、ブルーチーズづくりを通して経験した人生観、ものづくりのノウハウを1冊の本にまとめてみました。

ブルーチーズが好きな方はもちろん、イチからものづくりをしたい方、している中で悩んだり試行錯誤をしている方にも少しは力になれるのではないかと思っております。そして僕の住む江丹別という土地からチーズという武器で地域を世界に発信している、愚直で泥臭い姿を見ていただければ少しは勇気が湧いてくるかもしれません。大嫌いだった自分自身を変えるため、世界最高のチーズをつくり、江丹別という僕の故郷そのものをブランディングしていくという夢を、何もないところから実現し続けてきました。何もないとは文字通りの意味で、お金も設備もない、コネも知識も技術もない、おまけに小さい頃から夢も希望もないと言われ続けてきた故郷。ないことづくめのスタートでした。

24歳の時にブルーチーズをつくり始めてから周りには「チーズ職人」と呼ばれるようになりました。メディアに出れば「若きチーズ職人」というような肩書きを与えられます。

しかし実はその呼ばれ方、あまり好きではありませんでした。職人という言葉の一般的なイメージといえば、寡黙、頑固、無骨、不器用、と言ったところでしょうか。とにかくひたすら職場にこもって仕事をし、人とはあまり交流せず、孤高の人生を歩む。中にはそれが美しくてかっこいい、そういう人間が良いものをつくることができる人だと考える方も少なくないでしょう。

しかし今の時代、本当にそれが一流の商品を生むのでしょうか。ＳＮＳなど情報発信の道具は誰もが使えるようになり、動画や文章、どんな情報でも一瞬で世界に届けることができます。流通も発達し、世界中の高品質な商品がボタンひとつで自宅に届き、他の類似商品と簡単に比較することができる。

僕は、良いものをつくることは最低限の仕事でしかないと思っています。妥協のない最高の商品をつくった上で、それを全力で発信し、お客様に買っていただいてフィードバックをもらい、またそれを商品に取り入れる。その入口から出口まで全てを管理できて初めて一流です。それを全てこなせる人間を形容する言葉が、見当たらなかったため「ブルーチーズドリーマー」という肩書きを自分でつくりました。

ほとんどの人は、仕事と聞くと労働の対価を得るために我慢することだと考えているかもしれません。

しかし僕はこう考えています。仕事とは夢を叶えることだと。夢を叶える、とは今日できなかったことを努力と工夫で明日できるようにすることです。決して妄想のまま終わらせるものではありません。

そんな僕の夢の話、世界一のチーズづくりの奮闘記です。

江丹別の歴史

江丹別は、北海道旭川市の中心部から車で北西に約30分ほど行ったところにある小さな集落です。名前の由来はアイヌ語なのですが、語源が2通りあり、エ・タンネ・ペッ（頭の長い川）という説と、エトコ・タンネ・ペッ（水源の長い川）という説がありますが、いずれも「水源までの距離が長い川」を表していると言われています。

かつてアイヌの人々が雨竜川流域まで熊の狩猟に向かう際、江丹別川を遡って往来していたそうです。安政４年（１８５７年）に上川を探検した松浦武四郎が箱館奉行所に提出した報告には「マタクシエタンヘツ・イタンヘツ・イタンヘツ川筋」という地名が書かれており、その後明治20年に上川郡の植民地選定が行われた際の報告書にも「エタンペツ原野80万坪」という言葉がでてきています。１９５５年までは独立したひとつの村でしたが、現在は旭川市に編入しています。１９０６年、北海道二級町村制施行により上川郡鷹栖村の一部が村制施行し、鷹栖村が発足。１９２４年、鷹栖村が東鷹栖村と改称した際に、江丹別村と(新)鷹栖村が分村して発足しました。１９４１年村内に10字（春日、嵐山、共和、中園、芳野、清水、西里、拓北、富原、中央）が成立することになります。

僕がチーズをつくっている伊勢ファームがあるのは拓北という地区です。

旭川市街から見て、江丹別の一番奥にあり隣町の幌加内町と隣接しています。江丹別は、かつて開拓者の増加により人口が増加していき、１９５０年には３,０００人を越え、その後は戦後復興の中、高度経済成長が始まり農村からの人口流出により減少し、１９６０年には２,０００人を割り、１９９０年には５００人を割ってしまいました。人口の減少に伴い、高齢化率（65歳以上の人口／全人口）も高まり、昭和61年には20％だったものが平成28年には42％にまで達しています。典型的な限界集落です。夏は30度以上になりますが冬は逆にマイナス30度を超える厳冬地で、積雪も２メートルを越えます。日本の中で四季の変化が大きいこの地域は、ソバの生産を主な産業として地域を支えてきましたが、年々生産者の数は減少し、後継者問題が深刻となっています。

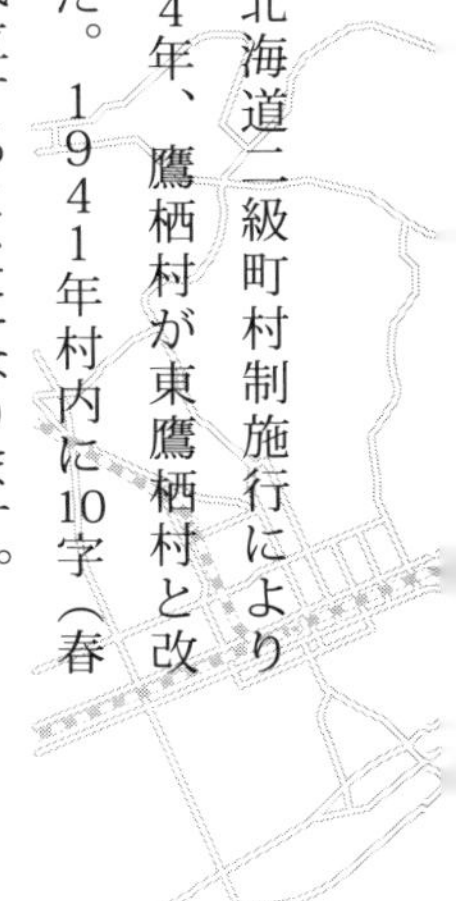

第一章

それ、やります。
チーズつくります。

少年時代

1980年3月28日、旭川市内の病院で伊勢家の次男として生まれました。「地平線から日が昇る」という意味で昇平と名付けられました。小さい頃は病弱で風邪を引くたびに肺炎になり入院する。それはそれは手のかかる子どもでした。おかげで病院ではみんなに顔を覚えられて「また来たのかい？」と看護士さんにからかわれていました。体は弱かったんですが、とにかくよく喋る。誰かと一緒にいようが、ひとりだろうがとにかくずっと喋り続けていました。唇の左下あたりにほくろがあるんですが「これはおしゃべりのしるしなの」と周りに言っていました。

ひとり遊びが好きでカセットテープに即興で物語を延々と吹き込むのが一番の趣味。テープレコーダーを片手に録音ボタンを押したら、ひたすら喋り続けます。それは小人になった自分が家の中を探検し、宝物を見つけるストーリーだったと記憶しています。残念ながらそのテープはどこかに無くしてしまったようで、今は聞くことができません。覚えている限りでは部屋にあったピアノの内部に、消しゴムや鉛筆を擬人化させた仲間として潜入し、その奥で宝物を見つけたという結末だったような気がします。自分を俯瞰してキャラクターをつくり、ストーリーにしていくというのは今の自分の仕事のストーリーづくりに活きていると思います。妄想力というか想像力が豊かなのは、生まれつきの特性かもしれません。そうやって自分の世界を楽しんでいる時は誰の声も耳に入らなかったそうです。母親が「ご飯だよ」とすぐそばで大きな声を出していても全く気づかずひたすら自分の世界に没頭していました。ものづくりも好きで、これまた自分の世界に入り込みいろんなものを工作していました。汚い設計図を書いてあれこれと計画を立てるのは好きなのですが、その通りにちゃんとつくれないのが悪い癖。残念ながら今でもその癖は抜けていません。

生まれた時から両親は牧場の仕事をしていましたし、兄は小さい頃から親の手伝いをしていましたが、僕は牧草アレルギーだったため牛舎の仕事はほとんど手伝った記憶がありません。牛舎に行くと鼻水が止まらなくなり、すぐに具合が悪くなるという状態で近づいた記憶もほとんどありません。

成長して体が丈夫になると共にアレルギーは消えていたので、現在の仕事ができていますが、この時はまさか自分が牧場の仕事を毎日するようになるとは夢にも思っていませんでした。

青春時代 田舎コンプレックスの塊

そんな次男坊もすくすくと成長し、小中9学年合わせてたった25人の江丹別小中学校から街中の旭川東高校に進学した時に転機が訪れます。結論を先に申しますと、親の仕事と江丹別が大っ嫌いになります。

高校に入り、待ち受けていたのは知らない人間しかいないコミュニティ。1クラス40人の8クラスで3学年、先生も合わせれば1000人を超える巨大な組織の中でただただ立ちすくんでいました。他の同級生は同じ中学とか、小学校の時の友達がいるので入学式の日からワイワイと楽しそうにやっています。

そんな中、江丹別というどこの出身かもわからない人間がポツンと入ればそれはもう想像に難くない。誰ひとりとして知らない中で、誰かに最初の一声をかけるというのは当時の僕からすればその辺の道を歩いている通りすがりの人に声をかけて仲良くなるのと変わりません。昼休みにやんちゃグループが当時流行っていた遊びで盛り上がる中、ひとりでお弁当を食べていました。こうやって当時のことを思い出しながら文章を書いていても、あの時の辛い気持ちが蘇ってきます。

たまにかけられる言葉といえば、「どうやって街まで来てるの？　馬？」「江丹別の人間も携帯使えるんだ！　てか電波ないでしょ？」そんな感じです。悔しいと思っても、なんと言葉を発していいかわからないのでただ愛想笑いを浮かべ黙って座っていました。挙句の果てには先生までもが「北海道の90％は下水が整備されているんだ。おい伊勢、江丹別はどうなんだ？　どうせ通っていないだろ？」と言う始末です。授業を聞くみんなが、笑いながら僕の方に視線を向けました。

そうです、江丹別は現在も下水が通っておらずトイレも汲み取りか浄化槽をつけなければいけない環境です。先生がどんな答えを期待してるのか悟った僕は悔しくなりました。とっさに「いや、通ってますよ」と答えました。目は完全に涙目です。ひょっとしたら先生も悪気があって言ったわけではないかも知れませんが、僕はあの時の悔しさを一生忘れることはないでしょう。

この出来事は僕の完全なトラウマとなり、自分の生まれと親の職業を呪いました。ああ、自分がこんな扱いを受けるのは江丹別という何もない田舎に生まれ、小さな貧乏牧場という社会のステータスが低い職業の親を持ってしまったせいだ。自分はなんて不幸なんだと思いました。あくまでこの時は、ですが。なんとかこの運命を抜け出したい。その気持ちが自分の中に強く芽生え始めました。

「先生」との出会い

自分はこんな風に他人からバカにされるような人間じゃない、世界に出てカッコいい場所でカッコいい仕事をして偉い人間になってやる！と思うようになりました。世界に出るならとりあえず英語が喋れないとまずいだろう、ということで高２の時に英会話を習うことを決意します。

その時、ちょうどクラスに発音がネイティブなクラスメイトがいて、「帰国子女なの？」と聞くと、「いや違うよ。日本人の先生に小さい頃から習ってる」というので「僕もそこにいきたいんだけど」と言って彼について行くことにしました。

連れられて辿り着いたのは、高校から歩いて20分ほどの小さいアパートの一室。部屋に入ると奥のベランダから上半身裸でマッチョ、坊主で色黒の怖いおじさんが出てきました。昼間はベランダで日光浴をしながらビールを飲むのが日課なのだとか。

「おう、お前英語やりたいんだって？」先生が僕に話しかけました。

高校生、それもほとんど外で人と話したことのない自分にはかなりの圧力でした。違うと言ったら何かとんでもないことになるんじゃなかろうか。当然、返事は即座にイエスでした。英語を勉強したいという思いは揺るぎませんでしたし、直感でこの人は信頼できると感じたからです。対等に自分と話をしてくれている。決して恐怖に屈したわけではありません。何か惹かれるものを感じました。「よし、俺と世界目指そうぜ」というボクシングの練習でもさせられんじゃないかという決めゼリフとともに、僕はこの日から、この先生のアパートに通うことになったのです。毎週2回、学校が終わった後、走って先生のアパートに行くようになりました。

「常にワールドワイドで生きろ」「今日の最高は明日の最低」というのが口癖の先生は見た目どおり、やっぱり怖いのです。僕がいたクラスはひとりの時もありましたが、社会人の方も何人か来る時がありました。ほぼ毎回、授業の度に生徒の誰かしらが涙を流していました。僕も先生が話しているときに、いつもの癖でうっかりペン回しをしたら頭をバチン！と叩かれて「集中して聞けこの野郎！」と怒鳴られて泣いたことがあります。今なら問題になりそうですが、昔は良い時代でした。

そして先生の授業にはある特徴があります。英語のレッスン前に筋トレと柔軟体操をやらされます。筋肉と脳みそは連動しているというのが先生の考えでした。リビングにあるダンベルを持ち上げたり、腹筋、背筋、スクワット、部活よりも厳しいんじゃないかというくらいの筋トレを1時間、バレエダンサーがやるような入念な柔軟をこれまた1時間ほど、週2回の授業の前にひたすら繰り返した僕はみるみるうちにたくましい身体になっていき、ある日母親に「あんたが通ってるのは英語教室じゃなくてトレーニングジムなのかい?」と言われるまででした。

そして筋トレと柔軟が終わった後は、レッスンが始まる前にコーヒーを飲みながら先生と話をします。日本の政治や経済などの真面目な話からナンパの方法、美味しいパスタのつくり方みたいな話まで、先生の好きなジャズを聴きながら、時にはレッスンよりも長い時間話していました。先生は50年代から60年代のジャズが大好きで一つひとつの曲の思い出やアーティストの逸話をよく聞かせてくれました。おかげでマイルス・デイヴィスやジョン・コルトレーンが大好きになりました。ジャズのリズムを身体で感じられると、英語を喋る時に心地よい話し方ができるのだそうです。

「お前は将来何がやりたい？」

「わかんないです。でもとにかく何かすごいことがしたいです」

なんて人生相談も毎度のこと。先生が若い頃にスキーのコーチで世界中を飛び回っていた時の波乱万丈ストーリーを何度も聞かせてくれました。先生もどの生徒にどんな話をしたかよく覚えていないので、僕たち生徒の口癖は「先生、それもう10回くらい聞きました」でした。まあどんなに控えめにいっても怖い先生でしたが、生徒の将来を真剣に考えてくれていました。将来どこに行っても対等に渡り合えるよう、生徒を鍛えなければならないという思いが彼にはありました。厳しさの奥には常に優しさが垣間見えていたのです。間違いなく親よりも将来の話を語り合った仲でした。本気で生徒の未来を真剣に考えてくれていました。先生との会話の中で、いつか自分も大好きなことを仕事にして世界中を飛び回ってみたい、自分にしかできない仕事をしてみたいと強く思うようになったのです。

運命は突然に

ある日、いつものように筋トレと柔軟を終えてコーヒーを飲みながら雑談していると、先生が言いました。「お前の親父は牛乳絞ってんだろ。じゃあその牛乳でめちゃくちゃ美味いチーズをつくったら、それだって立派なワールドワイドだぞ」

その言葉を聞いた瞬間、背筋に電撃が走りました。脳より先に脊髄と僕の魂が反応しました。「それやります、チーズつくります」瞬時にそう答えました。今までたくさんの将来の提案をしてくれましたがその言葉にだけは心が動きました。なぜかはわからないですが、自分の天命を知らされたのだという感覚があったのを覚えています。「お、やる気になったか、どうせやるなら世界一を目指せよ。できたら俺に一番に食わしてくれ」

そういうと先生はニコッと笑ってまたコーヒーを飲んでいました。普段は怖い先生ですが、笑うときは無邪気な少年のような顔になります。僕はその日から今日まで、どうしたら世界一のチーズをつくれるのかを考え続けています。

チーズをつくる業界は、牛が好きとか、親の後を継ぎたくてという人が多いのですが、僕は全く違う方向から入ったんです。世界で認められる人間になるため、自分の腹の奥に溜まった何かを吐き出すためにチーズをつくろうと決めたんです。大嫌いだった自分の生まれや親の職業を振り切るために、自らそこに戻っていくという矛盾がそこで生まれました。

その日帰ってすぐに、親に「将来はチーズがつくりたい」と言うと「そうかい、わかったよ」と普通の返事をもらいましたが、間違いなく驚いていたと思います。なにせずっと嫌いだと宣言していた江丹別の牧場で僕が仕事をしたいと言うのですから。ですがそう決めた時から、生まれ変わったように世界が明るく見えるようになり、勉強にもやる気が出ました。

自分はいつか世界一のチーズをつくる人間になるんだと思うと、それだけでワクワクしてきます。どんなチーズをつくろう、どんな工場を建てようかなと毎日紙に計画を書くようになりました。小さい頃、おもちゃを自分で工作していた時のように。昨日と変わらぬ江丹別の景色も、考え方ひとつで180度違うものになりました。いつの間にか親がこだわってやってきた仕事も、カッコよく見えるようになってきました。

先生の一言によって役割を与えられたことで、その役割になりきろうと性格や考え方までもが変わっていったのです。両親のつくるミルクでチーズをつくるという役割は、僕を生まれ故郷の江丹別に縛るのではなく、むしろ自由にしてくれました。

最初から夢や希望がある人なんていない

人は誰しもが最初から夢や希望に溢れて生きているわけではありません。特に僕のような人間は、類稀なる才能を持って生まれたわけではありませんし、ずっと自分を物語の脇役だと思っていたネガティヴ少年でした。しかし、ひとりの人間の言葉で自分にしかできないことがあるという気持ちが生まれることがあります。そしてそうなるための一番の武器は自分の身近にあったり、自分が弱みだと思っていることだったりします。以前まで、江丹別なんてところには夢も希望もないと思っていましたし、周りの大人も口を揃えてそう言っていました。トランプのゲームに「大富豪」または「大貧民」というゲームがありますよね。そのゲームの中では〝3〟や〝4〟は基本的に弱いカードですが、「革命」が起きると立場が逆転して一番強いカードに変わります。「チーズをつくる」という革命により僕の最も弱かったカードは最強の武器になりました。

かつては自分の人生が上手くいかないのは生まれた環境と親の仕事のせいだと思っていました。そして一刻も早くそんな未来のない江丹別から出て行こうとしていました。とにかく世界に出て、何か大きなことを成し遂げることが人生の勝ち組だと信じていました。しかし、先生の一言をきっかけに気づいてしまったんです。夢も希望もなかったのは江丹別という土地や環境ではなく、その時の自分自身だったということに。

勝ち組などという安っぽい言葉で、自分の人生の出来不出来を周りの環境のせいにして逃げていただけでした。田舎に住んでいて、「何も面白いことがない」と呟く人は多いです。しかし本当につまらないのは自分の住む街や環境ではなくて、他ならぬ自分自身なのかもしれません。夢や希望はいつだって人の心に宿ります。そして、それが宿った人の周りに人は集まってきます。自分を自分という劇場の主役にするのは自分にしかできません。この時から観客席ではなくステージに上がる覚悟ができました。チーズをつくるきっかけをくれた先生の存在、本当に感謝してます。僕の人生の全てを好転させたのは先生の言葉でした。日本にはあんな本物の先生が必要です。

大学時代

そんな先生との熱い約束を胸に、高校を卒業し帯広畜産大学に入学しました。十勝は北海道でも有数のチーズ生産地であり、国内有数の畜産学部があったのでチーズの勉強ができると思っての選択でした。環境も変わりようやく少しずつ友達付き合いもできるようになり、部活はアイスホッケー部に入りました。ほとんどが大学から始めた部員ばかりだったので、今まで本格的にスポーツをしてこなかった自分でも追いつくことができるのではないかと思ったからです。残念ながらあまり才能はありませんでしたが、下手ながらもスケートリンクの上で一生懸命走り回っていました。氷上を高速でぶつかり合う激しいスポーツのため4年間続けた結果、両膝の靭帯を痛めることになり、今でも古傷が疼くことがあります。

しかし高校では味わえなかった、充実した学生生活が送れるようになりました。が、肝心の夢を叶えるための本業でいきなりで出鼻を挫かれてしまいます。新入生の歓迎会で自己紹介をすることになり、僕は意気揚々と「世界一のチーズをつくるために美味しいチーズのつくり方を研究したいです！」と言いました。自己紹介が終わって席に戻ると、その中でも一番大御所の教授にこう言われました。「チーズの製造のメカニズムはもうとっくに解明されてるんだよね。そういうのは全然面白くないよ」それまで満ちていた心の熱気が一気に冷めていくのを感じました。僕が抱いた夢はつまらないものだったのだろうか。それから数週間、暗い気持ちで大学の講義を受けることになりました。

それからしばらく経った実習の時間に事件は起こったのです。

僕の熱気をかき消したあの偉い教授が担当の乳製品製造の実習でした。

モッツァレラチーズを班に分かれてつくってみるという内容です。ところが、その教授の言う通りにみんなが製造を進めていった結果、見事に失敗したのです。熱湯に入れたチーズがゴムのようにビヨンと伸びるはずが、全く伸びない。「あれ、うまくいかないな」とうろたえる教授。結局その日は6班のうち、3班がうまくモッツァレラチーズをつくることができずに終わったのです。うまくいかない原因はわからないまま、実習は終わりました。モッツアレラチーズは、約80度ほどの熱湯に入れて伸ばす際に適正なPHがあり、少しでもズレるとうまく伸ばすことができないのです。そんなことはとっくに解明されているはずでした。その実習を終えた時、僕は確信しました。机上の空論だけではダメだ、と。頭で考えるのと実際にやるのは全く違うものなのだ、自分がやりたいのは研究ではないのだと。自分の夢は自分で掴みにいかなければならないと覚悟を決めました。

それから毎日大学の図書館に行き、チーズに関する資料を片っ端から探してノートをつくっていました。それは学術的なデータを取り扱うものではなく、実践的な技術が書かれたものです。その数百ページに及ぶノートは現在もチーズ製造に活かされています。普段の講義では話も聞かずにそのノートばかり眺めていました。どうせ彼らのいうことは口だけで役に立つものなんてないと決めつけていたのです。

それよりも1ページずつ増えていく自分のノートを眺めるだけで夢が叶っていくような気分になっていました。今考えれば講義もちゃんと聞いておくべきだったと思いますが、当時は若かったこともあり自分こそが正しいんだという思いが強かったような気がします。

そして実際に自分の手でチーズをつくらなければ意味はないので、休みの日には近くのチーズ工房にチーズをつくりに行かせてもらいました。学生という身分は非常に便利なもので、ほとんどの生産者は快く受け入れてくれ、現場でどのように製造を行なっているかを丁寧に教えてくれました。結局、そうやって自分から行動して学んだ知識が一番身につくのです。

実習時代

大学を卒業した後すぐに十勝にある共働学舎新得農場いうチーズ工房に住み込みで見習いをすることになりました。その場所は全国的にも有名なチーズ工房でフランスから講師を呼んで技術の向上を図るなど、チーズ製造に熱心なところでした。

そしてそこは少し変わったところでして、うまく社会に馴染めなかったり、心や身体の不自由さを理由に行き場を探している人たちと共に暮らしながら農業を営むという、福祉施設も兼ねた場所でした。畑や羊毛、豚なども飼いながら様々な取り組みをする中の、ひとつの事業がチーズでした。僕の部屋の隣人の男性は朝と晩の2回、なぜか下着いちまいになり窓に向かって土下座のようなポーズで何度もお辞儀をしていましたし、柱の陰から小さな声で独り言を言い続けている人、歌いながら新聞を切り刻んでる人、本当にいろんな人がいました。最初はかなりびっくりしましたが、慣れてくるとなんだか居心地の良い場所になっていました。自分も周りのコミュニティにうまく馴染めない期間があったので、様々な事情の人を受け入れているその環境がフィットしていたのかもしれません。そんなちょっと変わった環境でしたが、チーズ工房では凄腕の職人たちが毎日真剣にチーズづくりに取り組んでいました。時には厳しく、時には優しく、みんなで少しでも美味しいチーズをつくるという共通の信念のもとに、切磋琢磨できる最高の環境でした。

ある日、普段からお世話になっていた先輩に3種類のチーズを試食させてもらいました。それは同じつくり方で同じ時期につくったチーズでしたが、それぞれ違う牧場のミルクでつくられていました。それを味見させてもらった瞬間、衝撃が走りました。びっくりするくらい3つとも味が違ったのです。ひとつは旨味がぎっしり詰まった優等生の味、もうひとつはピリピリとした刺激が舌に残り複雑さのあるワイルドな味、もうひとつは誰にでも受け入れられるようなマイルドな味。その違いはミルクの違いであり、どのような土地でどんな草を食べさせているかをチーズが見事に表現していました。ミルクが違えばこんなにも味が変わるなら、江丹別でしかつくれないチーズがつくれると確信させてくれました。その先輩から原材料のミルクの質が、いかにチーズの出来に影響を与えるかを教わるたび、父親の牧場が美味しいチーズをつくるのにどれだけ向いているかがわかってきました。父親はずっと草地に化学肥料を入れず、更新と呼ばれる土を掘り返す作業をしないで土地をつくってきました。そして牛が餌を十分に食べられるだけの広さの放牧地をつくり、濃厚飼料に頼らない牛飼いを続けていたわけですが、当時のそのやり方は1頭当たりの乳量が少なくなり、効率が悪いという理由で多くの酪農家が敬遠していたやり方でした。こだわりが強い故に儲けが少なく、周りからは変わり者扱いを受けていました。しかしそのかわり、質にこだわったミルクをつくっていたのです。

父親が目指した理想の牛飼いは、チーズをつくるのに最高の条件でした。きつい、汚い、ダサい、金がないには理由があったんです。その先輩は新規でチーズ工房を開く予定で、「お前は2代目でいいよな、家に帰ったらすぐチーズつくれるんだろ？」と僕に言いました。生まれて初めて自分の生まれを羨ましがられたんです。自分はチーズをつくるために最適な環境で生まれたのだとそこで初めて気づくことができました。自分の持っているカードの強さに只々感謝の日々です。

弱みはほとんどの場合「個性」なのだとこの時改めて痛感させられました。高校まで、自分のコンプレックスでしかなかった田舎の貧乏牧場の息子という事実は、自分にしかない個性でした。人は皆持って生まれたカードでしか勝負できません。僕は野球の球を時速160キロで投げられる身体能力も、人の心を震えさせる芸術の才能も持っていません。自分の夢が見つかるまでは、自分はなんのカードも持ち得ない不幸な人間だと思っていました。

でも今、僕は自分のことを「天才」だと思っています。

生まれた時から美味しいチーズをつくるための環境を手に入れていたのですから。願っても手に入るものではありません。自分の嫌いなところや、どうしようもなく苦手なことを、自分が不幸であることの理由として呪いながら生き続けるのか、自分にしかない特別な武器として利用していくのかは自分次第です。「人よりも劣っていること」は言い換えれば「人と違うところ」です。

時代はどんどん個性が評価される時代になっています。標準化できる仕事はどんどん機械化されていきます。誰しもができることはもはや社会では評価されません。コンプレックスは自分の一番の武器に変えられるのです。

何をつくるべきかそれが問題だ

世界一と呼ばれるチーズをつくるには、親の牧場でつくられる最高のミルクで、さらに江丹別という強みを生かしたものを見つけなければいけません。十勝での実習の間、牧場に戻ったら何をつくるべきかずっと頭を悩ませていました。

まずは世界のチーズの産地で江丹別と同じ気候の土地を探してみようと考え、年間降水量、気温などのデータを調べて比較していきました。するとフランスの内陸地にあるオーベルニュという地方が当てはまりました。夏は暑く30度以上、冬は逆にしっかりと雪が降りマイナス20度になることもある。そして近くには地域の水源としてそびえる、かの有名なボルヴィックの山がありました。旭川には大雪山がありますがその山から牧場の距離もほぼ同じ約40キロほど。まさにオーベルニュは、江丹別と同じような気候条件でした。そのオーベルニュで最も有名なチーズがブルーチーズだったのです。「ブルードオーヴェルニュ」というチーズです。直訳するとオーベルニュの青。フランスでは歴史の浅いブルーチーズですが、牛乳製のブルーチーズでは最も生産量も多く人気のあるチーズです。さらに調べてみると、ブルーチーズはヨーロッパの内陸地にしか産地がないことに気づきました。ロックフォール、フルムダンベール、ブルードジェックス……名だたるブルーチーズは全て類似した環境で生産されていたのです。

この理由をひもとけば、青カビが最も生えやすい湿度と温度であったこと、そしてこれらの地域は歴史上、塩の輸送ルートでありブルーチーズの製造に必要不可欠な大量の塩が豊富にあったことなどが起因しているようです。この気候の地域でブルーチーズが上手くつくれるのなら、江丹別でも間違いなく美味しいブルーチーズがつくれるはずだ、そう思った僕は1週間だけ休みをもらい、実際にオーベルニュに行きブルーチーズ農家を視察して回りました。すると牛の飼い方、地域の植生、気候がびっくりするくらい同じだったのです。まるで江丹別にやってきたのではないかと錯覚するほどです。これは間違いないと確信しました。すぐにでも自分のブルーチーズがつくりたい。その思いを抑えることができなくなりました。

一般的には新しい商品をつくる際にはマーケティングを行います。今、どのような商品が人気なのか、ターゲット層をどこに絞るのかなど、販売した時に少しでも消費者が手に取りやすい商品を探し出す作業です。このマーケティングを行うメリットは失敗する確率を下げることができるという点です。膨大なデータを駆使し、費用対効果を最小限に抑え、人気商品をつくり出します。しかしデメリットもあって、商品が平凡なものになりがちで個性が消えてしまうという点です。ひとりでも多くの顧客を獲得しようとした場合、特徴的な要素はマイナスに働きます。誰にも嫌われないようにすると、最終的にはどこにでもあるような普通の商品ができ上がってしまうのです。嫌われることを恐れて自分の良いところまで押さえつけてしまっては本末転倒です。ブルーチーズをつくる、という決断はマーケティングを一切無視したものでした。結果が出なければ失敗に終わる一か八かの選択でしたが、世界一のチーズという目標の前にそのリスクは霞んで見えました。

帰国後、すぐに十勝での実習を終え自分の牧場に戻ってブルーチーズ1本で勝負することを決意をしました。そのことを実習先の先輩や上司に伝えると、案の定全員から反対されました。少ししか下積みしていない上に、つくったことのないブルーチーズで勝負するなんて無理だというのです。しかも、日本で1種類だけのチーズで経営しているところは1件もないのだからそれは無謀すぎると。確かに実習では様々なチーズを生産していましたが、ブルーチーズはつくっていませんでした。そもそも当時、日本にはブルーチーズをつくる技術を持った人がいなかったのです。

ですが自分の中には自信がありました。どんなこともやりながら覚えればいいと思っていたし、決めた以上は、早く自分で試行錯誤してブルーチーズをつくってみたかったのです。今まで誰もやったことがないなんて、むしろチャンスではないか、自分のためにこのポジションが空いていたのだと感じていました。自分がつくって売り始めるまでお願いだから誰もやらないでくれと願っていました。自分がしたいことを徹底的にする、小さい頃からずっとそうやって生きてきました。全員の反対を押し切り、実習を終えた僕は江丹別の牧場に戻りました。自分にしかつくれないブルーチーズの製造と販売に向け、自分の工房を立ち上げることになります。23歳の終わりでした。

やると決めたらできるだけ早く実際にやってみることが大事です。準備ができてから、もうちょっと勉強してからと言う考えは時間がもったいないです。どんなに準備しても、たくさん勉強したとしても、いざ始めてみれば想定外の連続です。使う道具も環境も違うわけですから結局はゼロからのスタートです。同じゼロからであれば試行錯誤できる時間が長い方が良いのです。スタートすることは目標ではなく、あくまで始まりに過ぎないのです。ましてや僕の場合は、そもそもブルーチーズの技術を実習先の人も知らないので、少しでも自分でつくり方を探し出さなければならないという焦る気持ちでいっぱいでした。自分が未熟だと自覚しているからこそ、ひとりで悩む時間が必要だったのです。

ひとつを極めることのメリット

日本のチーズ生産者は何種類もつくるのが普通です。

大抵の人は自分が食べたいチーズをつくったり誰かにつくってほしいと言われて商品化していくパターンがほとんどです。日本にはないチーズショップの役割も担っているという考え方もあるのですが、単に売りやすいし「潰し」がきくからです。熟成期間の違うもの、食べやすいもの、個性的なものといったようにつくり分けしておくと、状況によってそれぞれの生産を調整することができるので、1年を通してコンスタントに販売することが容易になります。しかし、実際にやっているとデメリットも出てきます。まず、製造個人が小さく始めた場合、物理的、時間的に制約がかかってしまうのです。まず、製造する場所は大きさが限られており、つくるものが増えるほどスペースが余計にかかるので融通が効かなくなります。「今日はもうちょっとこの温度の熟成庫にこのチーズを置いておきたいけど、次のチーズも入れなきゃいけないから無理だ」というような。

そして1種類を100個つくるよりも10種類を10個つくる方が何倍もの時間がかかります。現場に何人もいる場合はそれでもなんとかなりますが、ひとりの場合そのデメリットはどんどん大きくなっていきます。個人で始める場合、仕事は製造だけではなく出荷や包装作業などありとあらゆる作業が必要になります。感覚的には製造3割、熟成作業1割、包装と発送作業4割、経理1割、雑務1割といったところです。製造に力を入れすぎると、全体の仕事が回らなくなってしまうので注意しなくてはなりません。

一方、ひとつのことを極めることにはメリットがあります。
それは、相手に自分が何者であるか伝えやすくなるということです。つくっているチーズがひとつだけなら、僕はこれを世界一のチーズにしたいんです、これに関しては誰にも負けませんというアピールができます。

1回会っただけの人は大抵名前すらも覚えていてくれません。しかし「なんだっけ、あのブルーチーズつくってるって言ってたやつ」という印象を残すことができるんですね。つくるものが増えるほど印象は薄くなります。そして何が強みかを伝えることもできなくなります。自分のこだわりも見えなくなります。僕は常々世界一のチーズをつくる！と言っているんですが、もし2種類つくってしまうと必ずどちらかは世界一では無くなります。世界一のチーズをつくりたい！という夢は1種類でのみ可能なのです。もちろんうまくいかない時のプランBがある方がいい！という考え方もあります。

しかしそれはあくまで経営を考える上でメリットが多いということです。僕はどうしたら自分の夢が叶うのか、どうやってそのことを相手に伝えるか、ということを最優先しています。自分の住んでいる江丹別という土地、そしてここでつくるチーズが人の心に残って欲しいんです。

これにより「ブルーチーズなら江丹別の伊勢昇平だろう」というイメージをつくり上げることができるのです。自分が持っているカードの中で、一番力を活かすことができるものを選び、ひたすら高める。シンプルなようですがこれが一番社会で求められる存在になれる方法だと思います。

目的と手段を明確に

つくりたいのはあくまで江丹別に最も合ったチーズ、うちの牧場のミルクの良さを一番発揮できるチーズです。目的に対してベストな手段を選択するというのが大事だと考えています。つまりブルーチーズをつくることは手段であって、世界一のチーズというのが目的です。江丹別の個性を引き出すために青カビを使用して熟成させるという考え方で製造しなければなりません。多いのが本来手段のはずのものがいつの間にか目的にすり替わっているという失敗です。日々黙々とものづくりをしている時についつい陥りがちなことです。最初は志高くやっていたものづくりがいつの間にかただの作業になり、つくって売ることだけが目的になります。そうなると少しでも良いものをつくるよりも、表面的に綺麗で売りやすい商品だけに意識が向かってしまいます。仏つくって魂入れず。

そしてそんな作業を続けていると情熱までも失いかねないので、常に自分にとっての目的と手段を確認しながら仕事をしていかなければなりません。僕は世界一のチーズという初心を忘れないように工房の壁に「世界一のチーズをつくる」と紙に書いて貼り付けています。

江丹別の青いチーズ誕生

江丹別でしかつくれないブルーチーズをつくろう、そう心に決めて実家の牧場に戻ってきました。「ブルーチーズ一本でやりたい」というまさかの希望に驚いた家族でしたが、僕が一度言い出したら聞かないことは嫌という程知っているので、割とすぐに了承してくれました。

早速、小さな工房を建てて試作に取り掛かりました。工房は必要最小限の広さでブルーチーズをつくるためだけの設備を投資しました。建物と設備を合わせても500万から600万円ほどです。つくるものを限定すれば初期投資で余計なコストをかけずに済みます。あれもこれもと考えた挙句、最初の投資で借金地獄、ゆっくり時間をかけて準備する暇もなく製造に追われるというパターンにならないように心がけました。小さく始めて大きくしていくやり方です。好きなことを仕事にしたいけれど新しい仕事をゼロから始めるのは、うまくいくかどうかわからないから怖いという人も多いと思います。

どんな世界の大企業も最初はひとりの手売りから始まりました。アップルはガレージで友達が集まりコンピューターを開発し始めたのがきっかけですし、コンビニのローソンはアメリカのオハイオ州で小さな牛乳販売店を営んでいたローソンさんが、日用品も販売し始めたのがきっかけです。アマゾンも小さな自宅のガレージからのスタートですし、コカコーラもケンタッキーも、最初は情熱を持ったひとりの創業者の手売りから始めて段々と大きくなっていきました。

どんな大きな仕事も最初は小さな一歩から始まっているのです。

これをすれば人が喜んでくれるという絶対に自信が持てるものを、ひとつでもいいからつくってみるのです。それができたら商品の魅力を隣の人に伝える努力をします。この段階ではそれほど資金は必要ありません。もしその商品が隣の人の心を動かしたらその人は知り合いに宣伝してくれるでしょう。それを繰り返せば、感動はどんどん広がっていきます。そうなって初めて規模を拡大していく選択をすればいいのです。最初から大きな投資をしてしまうと維持費を稼がなければならなくなります。維持費を稼ぐためにしたくない仕事を引き受けなければならなくなったり、足元を見られて値切られることもあります。その結果、ますます借金をして増産しなければ経営が立ち行かないという悲劇は、絶対に避けなければなりません。

最初からリスクのある状態をつくる必要はありません。大きなリターンを得たいと思うなら、まずは小さく始めるという急がば回れの精神が重要です。

不完全な方が良いこともある

チーズのパッケージやパンフレットなど、全てのデザインは自分がやりました。デザイナーに頼んでおしゃれなものをつくる手もありましたが、綺麗なパッケージの商品はお店に溢れています。その美しい見た目から商品が何を伝えたいのかを感じることができないのです。残念ながら僕は、表面的な美しさを取り繕うほど、つくられたものの本質の素晴らしさを隠してしまうような気がするからです。不器用でも自分がつくったチーズにどのような思いが込められているのか、自分の手で最後まで伝える努力をしたいのです。またそうした方がどんな人間がつくっているのか、消費者が想像しやすくなるという効果もあると考えました。

もちろん、少しでも美味しくて完成度の高い商品をつくる努力は必要なのですが、そういう泥臭さのようなものがデザインによって消えてしまうと、場合によっては逆効果になることもあります。実際に、僕がレストランのチーズを卸した時に「良いね、このアルミでそのまま包んだ感じ。中身に自信がなきゃできないよ」というシェフもいました。

世界のどのチーズにも負けない本物をつくりたいなら、デザインによって「お洒落なお土産化」になるのは避けなければなりません。それはどちらが良い悪いの話ではなく、前述の目的と手段の考え方によるものです。

「プロ」としてのスタート

試作を始めたのが2010年、秋。

当時ブルーチーズの製法は、日本でほとんど知られていませんでした。古い本を読んだりイタリアやフランスのホームページを辞書で訳しながら見よう見まねで試作を重ねました。その時参考にしたのが近代化される前に用いられていた伝統的な製法です。朝夕2回の搾乳に合わせて2回チーズをつくり、それを混ぜてひとつのチーズにするというやり方です。

現代ではもうほぼ絶滅したと言っていいほどの時代遅れで手間のかかる方法でしたが、

むしろロマンがあると感じて実践してみました。あれこれ試作を続けること半年、熟成させたチーズを真っ二つにしてみると、それはそれは綺麗な青カビがまんべんなくチーズの中に広がり、官能的な香りを漂わせています。ひと口食べてみると、ミルクの複雑な旨味が口いっぱいに押し寄せ、それから青カビの特徴的な風味が追いかけてきて、飲み込んだ後も、しばらく食べ続けているような錯覚に陥るほどのしっかりとした味わいのブルーチーズに仕上がっていました。

今思えばろくに勉強していないにも関わらず、たった半年であんな美味しいブルーチーズがつくれたのはビギナーズラックもいいところだったと感じます。「間違いない、江丹別にはブルーチーズが合っていたんだ!」これから自分がつくったこのチーズを世に出せるという感動とワクワク感で、心は満ち溢れていました。

名前は命

商品ができたら次は名前をつけなければいけません。名前のつけ方には強い思いがありました。それにはまず、江丹別という土地の名前を入れること。ヨーロッパのチーズの名前はほとんどがそのチーズが誕生した土地の名前なんです。カマンベール、ゴルゴンゾーラ、ロックフォール、チェダー……。

そうやって土地のプライドを背負った農産物が、世界中に流通して土地の宣伝をしています。良いものをつくることが土地のブランド力を高め良い循環を生む、これが農産物のいいところであると感じていました。言ってみれば、日本国内でつくられる「カマンベール」などの商品は産地を背負っていません。日本は古来から発酵食品と共に生きてきたはずですが、最近はその意識が少し薄いような気がします。安易にヨーロッパのチーズの名前を名乗るのは失礼ですし、自分たちの土地を宣伝することができないのですから。

そんなことを踏まえた上で名前を「江丹別」にしようかとも考えましたが、さすがにチーズ文化の浅い日本で、これではなんの商品かわからないと断念することに。最初に出てきた候補は「江丹別ブルー」でした。

しかしどうもインパクトに欠けるという気がしました。ブルーも英語だ、日本語に直してみよう。さすがにチーズは日本語にはなおせないからチーズはそのままでいいか、と色々と考えて最終的にできた名前が「江丹別の青いチーズ」。単語を「の」でつなぐことで親しみが湧くように。悩み抜いた末に本当に良い名前がうまれたと思っています。まず目にした時に「江丹別って何だろう?」という疑問から入り、味と地名をリンクして覚えてもらえるようになりました。

このチーズで世界と勝負しよう!

そう決意できる商品が完成したのです。できたチーズを早速札幌のチーズ専門店に持っていき、「とりあえずつくったチーズを食べてみてください」と店長に掛け合いました。「ブルーチーズなんですね、珍しい。江丹別の青いチーズっていうんですか？　名前長くないですか？」と言われましたが、気にせず試食をしていただくと、「これは美味しい！　まさか日本でこんなにしっかりしたブルーチーズができるなんて想像もしていなかった」と気に入っていただきすぐに採用が決まりました。いよいよ自分のチーズが世に出ていくという興奮とともに、ここから「プロ」としての喜びと苦悩の日々がスタートしたのです。

打倒「ロマネ・コンティ」

僕が考える世界一のチーズの理想モデルは実はチーズではなく、あるワインです。世界一のワインの称号を誰もが疑わないロマネ・コンティです。ロマネ・コンティ《仏…Romanée-conti》とは、ドメーヌ・ド・ラ・ロマネコンティ（DRC）社が単独所有するフランスのブルゴーニュ＝フランシュ＝コンテ地域圏、コート＝ドール県・ヴォーヌ＝

ロマネ村の畑でつくられる超絶高級ワインです。

この銘柄のワインはたったの1.8ヘクタールの畑でつくられています（ちなみにうちの牧場の私有地は約70ヘクタールです）。アペラシオン・ドリジーヌ・コントロレ（ヴォーヌ＝ロマネＡＯＣ）におけるグラン・クリュという一番高い格付けの畑にあたります。

品種はピノ・ノワール種のみ。生育が最もデリケートで土地の味が一番複雑に感じられる品種と言われています。ワイン好きの人に「世界一のワインは何か」と聞けばほぼ間違いなくこのワインの名前が上がるかと思います。年間たったの６０００本のワインが世界中に散らばり、１本が何百万円の値段で取引されています。飲むよりも語るためのワインという表現がされるくらい、実際にその味を知っている人はほとんどいません。しかしこのたった６０００本が世界を感動し続けているのです。６０００本というと、20人が毎日１本ずつワインを飲んだとしたら11月の途中でワインが足りなくなるということです。いかにこの生産量が少ないか。

この超希少ワインを世界一にしたのが、アンリ・ジャイエという伝説のブドウ農家であり、ワイン醸造家です。アンリ・ジャイエは1922年にロマネコンティの畑を有するヴォーヌ・ロマネ村で生まれます。彼の家は元々、ネゴシアンという業者にブドウを売っていましたが、徐々に時代の変化や不況によりブドウが満足に売れなくなっていきました。そこで仕方なく、自らが造ったブドウで、自分のワインを造る自家元詰めというスタイルを試すことになります。

このブドウの生産とワインの醸造を一貫して行うやり方はアンリがブルゴーニュに広めました。そして競争激戦区であるブルゴーニュ地方のドメーヌのなかで、当時流行っていた、ひたすら大量生産するやり方ではなく、品質にこだわった希少性の高いワインを造る選択をします。化学肥料を最低限に抑える有機栽培や低温マセラシオン、ノンフィルターなど、土地の味を存分に活かすことのできるやり方を次々と取り入れ、当時のピノ・ノワールでのワイン造りと逆行するワインづくりに挑戦します。

最初は時代遅れなやり方だとして変人扱いをされてしまいます。自分のワイン畑を潰す気か、と。アンリ自身も間違ったことをしているのかもしれないと不安になったこともあったそうです。しかし、品質にこだわったワインづくりは徐々にインポーターや評論家などに評価されることになり、世界中にその名声が広がっていくことになります。

彼らにとっても高価なワインを扱うことができるのは商売上、大きなメリットがあったのです。結果的にブルゴーニュのピノ・ノワールが持つ本来の味わいこそが、ワインの頂点であるという絶対的な信用を得ることになります。

話を聞いていると、まるで僕の父親が貫いてきた牧場づくりとぴったり重なるではないですか。究極的に品質にこだわったチーズをつくることができれば、今の規模のままでも十分に世界と勝負できるという証拠です。人、土地、商品が全て重なる魅力をいかに深めていけるかが勝負となります。「チーズ界のロマネ・コンティをつくる」これが江丹別の青いチーズを世界一にする方法です。いつの日か「世界一のチーズは何か？」と質問したら誰もが「それは江丹別の青いチーズである」と答えてもらえる日が来る事を信じています。

伝える力の重要性

これまで職人は頑固職人のイメージで、ひたすら黙って仕事場にこもり物をつくり続けるという姿勢が美徳とされる傾向にありました。たしかにそれも間違いではないかもしれません。しかし、現実に良いものをつくっていても売れず、生活もギリギリ、仕事はありながら後継が育たずに廃業していった例は皆さんが知るところのはずです。どんなに良いものをつくっても、消費者に伝わらなければ真っ当な報酬は得られず、大々的に広告のうたれた安価な大量生産の商品に瞬く間に取ってかわられてしまいます。

僕はチーズを売り始めて一番最初に呼ばれた飲食店でのイベントで、30分ほどお話をさせていただく時間をもらったのですが、10分もまともに喋ることができず残りの時間を持て余してしまいました。一生懸命話をしようと脳みそをフル回転させるのですが、言葉が出てこない。今、なんの話をしているかもわからなくなるほど頭は真っ白になりました。人に想いを伝えるということの難しさを初めて味わったのです。良いものをつくり続けたいなら伝え続けなければならないのです。

今の時代はいくらでも個人が発信できる時代です。SNSにホームページ、ブログにユーチューブ。様々な場所で行われるイベントなど。僕は1年ほど前からブルーチーズに特化したブログを始め、今では月間20000PV《ページビュー》ほどの閲覧数になりました。ネットで「ブルーチーズ」と検索すれば、ウィキペディアよりも先に僕の書いた記事が出てきます。その他フェイスブックはもちろん、ユーチューブも始め、ありとあらゆる可能性を探っています。

そして、発信というのはやろうと思ってもすぐにうまくはいきません。うまく喋れない、上手な文章が書けない。そうやってほとんどの人は発信を諦めて「私は黙々と仕事をしてくタイプだから」と自らを評します。非常にもったいないことです。どんな道も一歩ずつしか進むことはできないのです。伝える力は一日にしてならず。僕はラジオやテレビ、イベントなどに呼んでもらうたびに全てを録音録画し、終わった後にひとりで反省会をしています。この喋り方では伝わらないなとか、ここはうまくできたなとか。

それを繰り返し続けて少しずつ人に伝わるスキルを習得できるのです。同じことを伝えるのも、相手によってどのような言葉をチョイスするかで結果が変わってきます。

一言一句に気を配り、人の心に響くように心がけるのです。

今では話す時間も1分、5分、30分、1時間とそれぞれの時間に合わせた話を全て準備しています。さらに聴いているお客さんのニーズに合わせて、話を入れ替えたりする対応力も身についてきました。これらは全て最初からできたわけではなく、伝えたいという思いを持ち続け試行錯誤した結果なのです。

大事なのは準備しておくこと

商品をつくる上で大事なことはストーリーを整理して、いつどの角度から質問されたりしても即座に明確に返答できる準備をしておくことです。

たとえば、どうしてチーズをつくろうと思ったのか。なぜブルーチーズなのか。目標としているチーズは何か、というような質問はほぼ確実に消費者が気になること。「英会話の先生の言葉で世界一のチーズを目指そうと決めたから」「江丹別という土地に最も近い場所でつくっていたのがブルーチーズだったから」「ヨーロッパで気候が最も近いオーベルニュのブルーチーズ」というように簡潔に答えを準備しておきます。簡潔にまとめた受け答えができると、お客さんはグッと引き込まれてファンになってくれます。応援したくなるような文脈にしなければなりません。

気をつけなければならないのは、初めてチーズのことを知った人でも、すぐに何をしようとしているのかをはっきりとイメージできることです。なるべく短い言葉でまとめることが重要で、インタビューなどはあまりにも長々と説明していると後で編集しなければならないので伝わる熱量が半減してしまいます。基本的に10秒以内に収めるのが理想です。

さらにどうやって調理すればいいのか、長く冷蔵庫に置いて表面の色が変わってきたが食べられるのかなど、具体的なことも必ず聞かれるようになるので、そういった疑問にもすぐに応えられるようにするべきです。自分はブログで様々な疑問に対する回答を公開しているのでそれを検索すればすぐに解決できるようにしています。

5W1H

質問を想定するコツは5W1H。

なぜこのタイミングで、この場所で、あなたが、この商品を、どのように、つくっているのかというのが消費者が知りたいことです。それぞれの回答をつくり全てがストーリーでつながっていることが重要です。逆に言えばこれが全て準備できない商品は改善の余地があるということです。足りないパーツを補えばさらに素晴らしい商品にできるはずです。これから商品をつくる場合なら、最初に商品をつくる段階でこの6つの要素をより深く、鮮明につくり上げることでスムーズに伝えていくことが可能になるので、どれだけ準備できるかがキーになります。

実は先ほど紹介したロマネ・コンティはこれが見事に明確になっており、

だれが WHO ↓ アンリ・ジャイエが、
どこで WHERE ↓ ヴォーヌ・ロマネ村で、
なぜ WHY ↓ 受け継いだ畑を守るため、
いつ WHEN ↓ 大量生産全盛期に、
どのように HOW ↓ 伝統と革新を試行錯誤し続け、
なにをした WHAT ↓ 最高の品質のワインを作った。

というように誰が見てもわかりやすく心を惹かれる物語になっているのです。「真面目な生産者です。すごく丁寧につくっています。一生懸命やっています」というような曖昧な売り文句はもはやアピールポイントにはなりません。なんとなく良いだけのものは溢れています。抽象的な表現ではなく具体的にイメージができる説明でなければなりません。究極のオンリーワンであるということをお客さんがイメージすることができなければ、商品に興味を持ってもらえないのです。

ＡＩをおろそかにしない

そしてＡＩからの評価も大事です。

なんのことか説明しますと、インターネット上での評価のことです。グーグルなどの検索エンジンの上位に配置される記事はＡＩが検索ワードに対して、より信用できる記事を選定して並び替えを行っています。その精度は非常に正確で表面的なことしか書いていなかったり、別の記事をコピーして書いたようないわゆる「パクリ」の記事はあっという間に検索順位を落とされてしまいます。この検索される記事を調整する機能のことをＳＥＯと呼びます。ＳＥＯとは、Search Engine Optimization の略であり、検索エンジン最適化を意味する言葉です。検索結果でＷｅｂサイトがより多く露出されるために行う一連の取り組みのことをＳＥＯ対策と呼びます。新しくものづくりをして多くの人に広めていこうと思うならこのＳＥＯ対策が必須になります。ブルーチーズを例にとって、その方法をご紹介します。

まず「ブルーチーズ」という言葉を検索し、１ページ目にどんな記事が書かれているかを調べます。そこに書いてある情報が「ブルーチーズ」という言葉において世の中の人が気になっていることです。次に「ブルーチーズ レシピ」「ブルーチーズ 種類」などの関連ワードの検索数上位を調べます。これは無料のサイトで検索ランキングを簡単に調べることができます。その上位20位くらいの関連ワードを全て記録し、それらのワードが入った記事を自分でつくり出していきます。思わずクリックしたくなるようなタイトルにすることが重要です。

たとえば「ブルーチーズの美味しい食べ方。保存方法と簡単レシピ」とか「ブルーチーズの種類とおすすめランキング」のように検索上位ワードを複数入れることによって検索して読んでもらえる確率を少しでも上げていきます。タイトルの内容をより深く掘り下げ読んだ人が役に立つと思えば記事を最後まで読みますし、他の記事も合わせて読んでくれることになります。これらの行動も全てAIに監視されています。定期的に根気強く繰り返していくと少しずつ検索順位が上がっていきます。順位が上がれば上がるほど読んでもらいやすくなるので良い循環が生まれます。

記事をつくる際はブログを始めるのがおすすめです。ブログといっても日々起きたことを書くような日記のスタイルではなく、あくまでネット記事として書きます。フェイスブックやツイッターなどのSNSは投稿した記事がどんどん更新されてしまうので、過去の記事をみつけてもらうことができないという欠点があります。ですので、SNSはタイムリーなイベント等の情報を素早く発信したり、コミュニティ間での情報のやり取りをするのに使うといった使い分けをしましょう。

ブログを始めることによって自分自身がメディアになるのです。テレビやラジオ、有名なネットメディアに出るとものすごい反響があるのは経験者なら誰しもがわかることです。しかしそこで取り上げてもらうにはタイミングもありますし、何よりまずそういったところに注目してもらうには、知ってもらうきっかけが必要になります。そのブログ記事がメディアの目にとまったり、記事自体が書籍化されるということも考えられます。自分で書いた記事は、100%自分が伝えたい情報を載せることができるので誤解を産むこともありません。機械が判断することなんて信用できないという考えの人は一生自分の商品を世に広めることはできません。

なぜなら、すでにほぼ全ての人はスマホから情報を検索し、自分が欲しいものを見つけ購入しているからです。検索の対象に選ばれなければ、知ってもらうことすらできず埋もれていくだけです。

逆に人の評価とは常に曖昧なものです。

どんなにつくったものを正当に評価してもらおうとしても、人の判断は気分で変わってしまいます。聞いた話だと、気に入らない生産者のチーズはどんなに美味しくてもおすすめしないというチーズ販売店もあるそうです。こればかりはどうすることもできません。人と違い機械は常に平等に判断するので、広報での努力が売り上げなどの成果として返ってきます。

第二章

カビのない青いチーズ。

ＪＡＬ国際線ファーストクラスの機内食

そうしてようやくチーズが販売できるようになった頃、１本の電話がきました。出てみるとＪＡＬのスタッフの方からでした。

「何だろう、最近飛行機に乗ったこともないのに」と不思議に思い話を聞いてみると「ＪＡＬのファーストクラスの機内食に江丹別の青いチーズを使わせてもらえないでしょうか」。突然の提案に体が震えました。

ファーストクラスといえば僕の中では別世界の人が乗る席です。一体どんな人たちが乗っているか想像もできませんでした。どうしてまだほとんど流通もしていない江丹別の青いチーズを知っているのだろう？　聞いてみると日本中のチーズ専門店に連絡をとり、美味しい国産のブルーチーズを探していたのですが、当時日本で本格的なブルーチーズをつくっているところがほとんどなくやっと見つけたのが、僕が一番最初にチーズを持っていった札幌のお店だったのです。初めて置かせてもらえた江丹別の青いチーズがいきなりファーストクラスの審査にかかったのです。そこで文句なしの評価を得たそうです。運が良かった、の一言では片付けられない理由がありました。チーズプレートをつくる際に彩りや味のアクセントの関係で絶対に必要なのがブルーチーズなのです。国産チーズという枠の中ではぽっかりと空いている席にいきなり座ることができたんです。一番最初にやることは本当に大事なんですね。一番と二番は埋められない差ができます。僕がブルーチーズに舵を切った時、誰もやってない分野は有利に働くと予想していたことが、見事に的中しました。

このファーストクラスの採用をきっかけに様々なメディアに取り上げられるようになり、お台場のフジテレビスタジオにも収録でお邪魔させていただきました。

しかも、夜8時からのゴールデン番組。僕のチーズをテーマに、凄腕シェフが料理対決をするという内容でした。僕自身はスタジオの端っこに座っているだけでしたが、番組で紹介していただく時に「青カビ王子」というニックネームもいただきました。流石に今となっては「王子」は恥ずかしい限りですが、当時はしばらくその呼び名で様々なイベントに出ていました。テレビやメディアで取り上げられるたび、反応も増えていきチーズはどれだけつくっても即完売。全国からチーズを買うためだけに全国からたくさんの人が江丹別にやってくるようになりました。人も設備も準備ができていないので本当に大変でしたが、勢いそのままにいけるところまで突っ走ってやる！と意気揚々でした。

この後に待っている悲劇のことなど知る由もなく……。

情けは人の為ならず

この時は自分が人生を賭けてつくったチーズが、多くの人の気持ちを動かしていた事実に気づかされたことを今だに覚えています。

「情けは人の為ならず」という有名な言葉があります。

この言葉、勘違いされていることが多いのですが、人に情けをかけるのはその人のためにならないという意味ではなく、人に情けをかけるのは回り回って自分に返ってくるんですよ、という意味です。

僕のところによく若者が来て将来の話をします。「将来は人のために役立てることがしたいです！」と。なんだか最近は人のために何かをするのが良いことで、逆に自分の好きなことをやるのは勝手な人間だ、という空気があるような気がしています。そういう若者に「よし、じゃあ君は何をしてそれを実現したいの？」と聞くと曖昧な答えしか返ってきません。その後に続く一番多い言葉は「今は色々見ていろんな可能性を探しています」です。もちろん見識を広げることは良いことなのですが、自分に何がしたいか意志がなければどんな仕事を見つけても、長続きせずにすぐ挫折してしまいます。

甲子園の選手宣誓でも「皆さんに勇気と感動を与えられるように精一杯頑張ります」と高校球児が声高らかに叫んでいます。高校球児たちは野球が好きでひとつでも多く勝ちたい、少しでも野球が上手くなりたい、将来プロ野球選手になりたいと思って白球を追いかけているはずです。それでいいと思います。そうして自分の夢のために頑張っている姿を見て人は感動するのです。
僕は彼らに「自分の夢のために精一杯頑張ります」と言って欲しいし、そう言っても良い社会になるべきです。僕も元々、自分を変えたい、自分が人生をかけて打ち込める夢が欲しいというきっかけでチーズをつくり始めました。つまり自己満足のためです。そして今もそれは大きな意味では変わりありません。言ってみればブルーチーズをつくるという仕事は、未踏の地を制覇しようとする冒険家となんら変わらないのです。自分の夢を実現する方法が少し違うだけなのです。しかし自分の満足と社会の満足が少しでも重なってくるとそれは仕事になります。その重なりが大きくなればなるほど自分も周りの人も幸せが大きくなっていきます。

自分にしかできない仕事、人を幸せにする行動は自分の欲求から生まれます。その欲求の輪と社会の幸せの輪を重ねるべく調整をくり返すことこそ、仕事をつくることと僕は考えます。この幸せの循環を知ればあとはもう勝手に体が動きます。

世の中そんなに甘くない

調子よく突き進んでいた2012年。

いつものように大忙しでチーズを出荷しようと熟成庫から取り出したチーズをカットしたところ、あれ？　チーズに青カビが生えていない。生えが悪いとかそんな生易しいレベルではありません。全く生えていないのです。これじゃ青くないチーズじゃないか。つくる時に青カビを入れ忘れたかな、おかしいな。気を取り直して次のチーズを切ってみます。おかしい、やはり生えていない。今度はチーズのかわりに僕が青い顔になり、嫌な予感がして熟成庫の中のチーズをかたっぱしから切ってみました。

そうです。

チーズは全て青カビが生えていなかったのです。

チーズの熟成期間は約3ヶ月。この瞬間、僕はその日から3ヶ月の全収入を失うことが確定しました。その額、数百万円。血の気が引くとはまさにこのことです。

思考回路が停止しているときにスマホがなります。「前回注文したチーズ、いつ届きますか？」チーズ工房に悲鳴にも似た叫び声が。叫んで我に返ってまた絶望。体がようやく動き始めて最初にとった行動は取引先への連絡でも改善策を考えることでもなく、失敗したチーズの全廃棄です。とにかく目の前からこの悲劇の対象物を消し去ろうと考えました。牛舎の堆肥場に100キロ以上のチーズを埋めてようやく冷静になりました。

重い足取りで家に戻り、全ての取引先に電話をかけ状況を説明しました。

「すいません、突然青カビが生えなくなりました。出せるチーズが1個もありません」電話の向こうから訝しげな雰囲気と「そうですか、ではまた出荷できるようになったら連絡をください」という優しい言葉が。涙が出てきました。美味しいチーズをつくればたくさんの人を感動させることができるという昨日まで持っていた自信、せっかく信頼してくれていた人たちを裏切ってしまったという申し訳なさ、いろんな感情が入り混じり、電話の前で動けなくなってしまいました。

何が悪いかわからない

出荷を全て止めたら、今度は1日も早く元どおりの美味しいブルーチーズをつくれるように製造を修正しなければなりません。

そこでふっと気づいてしまったのです。最初から上手くいきすぎていて、失敗した時の対処法が何もわからないということに。何がダメかわからない。どこをどう変えたらいいかわからない。当然のようにまた失敗するという悪循環に陥ります。当てずっぽうでいろんなところを修正してつくってみました。その結果がわかるのは熟成が終わる3ヶ月後です。3ヶ月後に切ってみるとやはり失敗。考えつく限りの試みをしてみましたが、目に見えて効果的な方法を見つけることができませんでした。この時期は牛乳の前で立ち尽くしてしまって製造ができない日が続きました。今まで買ってくれていた人たちの失望がテレパシーのように伝わってきます。あの感覚を今でもはっきりと覚えています。なんとかしないと、全てが終わってしまう。試行錯誤の毎日でした。闇雲に試していると少しだけ良くなったと思うチーズがつくれる時もあります。

しかしまた季節が変わってミルクの質が変わった時にダメになってしまいました。季節の変化によってミルクの成分が変化した時にどうやら上手くいかなくなるらしい、というところまでは掴んだのですが、肝心のその対策がわからない。失敗するその度に熟成庫のチーズは全て廃棄です。気が狂いそうになりました。最初の全廃棄から3年間、売ったチーズよりも捨てたチーズの方がはるかに多い日々が続きました。情けない気持ちが堆肥場に山になっていくチーズと同じだけ重なっていきます。自分は一体何のためにチーズをつくっているのか。

前述の通り、大学の実習時代はブルーチーズをつくっていません。本で読んだ方法がたまたま上手くいっただけです。結局何もわかってなかったのです。自分には特別な能力があって失敗なんてするはずがないと思っていました。身の程知らずでした。

ようやく掴んだ自分の生きる道がまた閉じていってしまう焦りを抑えることができずに、牛舎や工房で何度も発狂していました。そんな姿を見せてしまい、家族にも迷惑をかけたなとつくづく反省しています。

仕事の出来が人生の出来

最高に美味しいチーズをつくって売れば「親の後を継ぎ、一生懸命頑張って美味しいチーズをつくる優秀な人間」と賞賛され、反対に美味しくなければ「親のスネをかじり、適当に商品をつくって売る調子に乗った後継ぎ」という批判を浴びます。

これは実際に両方とも自分の身に起きたことです。プロとしてお金をとってチーズを販売した以上、自分が実際にはどういう人間かという事実は関係なく、そういった評価に晒されながらものづくりをしていかなければなりません。良い時も悪い時も、商品の評価はつくっている人間の評価と直結しているのです。残念ながら人の口に戸は立てられません。美味しかった、まずかったという情報はあっという間に広がります。納得のいかないものを売らずに廃棄したのは、何より自分のためでした。

食べた時にがっかりされるようなチーズを売ったところで、誰ひとりとして僕の夢を信じてくれることはありませんし、それどころか今まで信じてくれていた人たちも離れていってしまうのです。そのスピードは時代と共に速くなっていっているようです。

自分はまだプロじゃなかった

あなたにとってプロとはなんですか？

そんな質問をされたとしたら、僕はこう答えます。

「いつでも、どんな状況でも常に平均点以上の仕事ができる人のことである」と。

最初だけ、1回だけものすごい高評価の仕事ができることは全く大したことではありません。その1回はたまたまできただけかもしれないからです。野球でも1週間に1回だけ猛打賞（ヒットを3本以上）でその日のヒーローになるよりも、毎日1本のヒットを続けた方が結果的に多くのヒットを打つことができます。90点を1回出すよりも70点をコンスタントに出せることの方がずっと重要で難しいことなのです。絶対に69点以下をとらないためにはありとあらゆる準備が必要です。大事なのはどんなタイミングでも、どんな環境でも、一定以上のパフォーマンスを発揮するために、あらゆる知識や技術を用意しておくことです。

チーズづくりを始めた頃は、続けることの大変さを知る由もなくチーズを売ってお金を得るたびに自分のことをプロだと錯覚していました。なんの準備もしないまま、その日上手くいったことだけを単純に喜んでいました。

その実、最高点にこだわること以上に最低点を上げる努力が大事になってきます。

突然チーズづくりがうまくいかなくなり右往左往していた時の自分は、プロではなかったなとつくづく思います。

決意

結局この問題に直面してから3年ほどの時間が過ぎました。

この間に廃棄したチーズは全体の3分の2。まともに商売をしていた記憶がありません。そして壁の高さはますます高くなるばかり、試行錯誤すればするほどチーズはダメになっていきました。

そして2014年12月31日。もうこれ以上闇雲に製造をしても無駄だと、全ての作業をストップすることにしました。ゼロから勉強し直そう。そしてもう一度再スタートだ。今までの活動はプロとしての準備段階だった、と思うことにしました。

自分は世界一のブルーチーズをつくるためにこの仕事を始めました。それを実現するための道を塞いでいる壁が、もはや自分ひとりの力では乗り越えることができないものなのだと悟りました。よく「仕事を中断してフランスに単身で修行なんてすごい勇気ですね」と言われるんですが、他に選択肢がなかっただけのことです。絞ったミルクが溜まったチーズバットを目の前にして何をどうしていいかわからない。どんな乳酸菌を入れればいいのか、どれくらいの発酵と脱水をして熟成庫に持っていけばいいのか、何もかもわからない。もう自分では何ひとつ解決ができないわけですから。知識と技術が確立しているところで学ぶしかない、ということです。そのノウハウは日本にはないのです。消去法です。しかしたくさんの選択肢の中から選ぶよりも、ひとつしかない道を「もうこれしかないんだ！」と覚悟を決めて進む方が、いい結果が出ることがあります。背水の陣ですね。

実際、製造がわからなくて悩んだときは毎日胃が痛くて精神を病みましたが、フランスに行くと決めてからはスッキリした気持ちで準備できました。なにせゼロからのスタートですから捨てるものも何もありません。もう一度、世界一のチーズづくりを決意した10代の頃の気持ちが蘇ってきました。

修行に行くのはもちろんフランス、江丹別と気候が同じオーベルニュと決めていました。期間は最大で1年、むやみに期間を伸ばしても成果は変わらないであろうと想像できましたし、家族で仕事を分担している我が牧場にとって、ひとり働き手が抜けるというのは痛手である事も痛感していました。ワーキングホリデーのビザが30歳まで使えるということでこの時29歳、ギリギリ使えることができました。これにも小さな運命を感じるくらい気持ちはポジティヴです。ビザの取得から語学の勉強、フランスで受け入れてくれるところとのやりとりなど、ものすごい量の手続きを瞬時にこなしていきました。このままチーズがつくれなくなったら自分の人生は終わると本気で考えていたので、もう迷いはなかったです。この時の経験のおかげで、今の複数の仕事をこなすテクニックを持つことができました。

現在の僕の仕事は朝晩の搾乳、チーズの製造、熟成管理、包装発送作業、事務処理、営業、ブログやユーチューブなどの発信、全てをひとりでこなしています。1年365日、朝起きてから寝るまで大体何らかの仕事をしています。一喜一憂しないで頑張っていれば大概のことは自分のプラスに変えられるものです。そもそもネガティブな要素でしかなかった自分の生まれや環境を、今では自分の一番の武器にしているのですから世の中本当に考え方ひとつです。

フランスで修行するために出発の半年前から製造をストップしました。熟成庫を空にするためです。車、趣味の自転車、売れるものは全部売りました。もう何もない、ゼロです。何もなくなった自分はなんでもできるんだと自分を奮い立たせました。

最初の研修先を決める

実はフランス修行を決めた時から行きたいところがありました。

そこにメールで「日本でチーズをつくっているものです。ぜひスタージュで働かせてほしい」と連絡をしました。フランスにはスタージュという制度がありまして、英語で言うところのインターンシップ、日本語にすれば職業体験、研修に近いものです。フランスの大学ではスタージュは科目のひとつとして必須なところもあり、企業側もこれを受け入れるように体制を整えています。スタージュをしないと単位が取れないので卒業できないこともあるそうです。

最近ではスタージュ先を探してくれるエージェントがいるそうですが、原則としては自力で探します。ネットを使って探して、履歴書を添えた応募のメールを送ったり、希望のスタージュ先に直接訪問したりします。

スタージュはあくまで研修のため、原則として無給、もしくは、謝礼程度の賃金しか発生しません。しかし、フランスの労働法では、2ヶ月以上の研修には報酬を支払うことが義務付けられております。数日後返信があり、最初の2ヶ月だけ(つまり無給の間だけとりあえずという意味)、まずは様子を見てあげても良いとのことで無事修行先が決まりました。最悪、給料は出ないまま2ヶ月後には放り出されますが、ブルーチーズをつくっているところで勉強できるのはありがたいですし、スタージュを受け入れられる規模のブルーチーズの生産現場はフランスでも限られていました。その間の生活費は今までのチーズでつくった蓄えを少しずつ切り崩していくしかありません。まさに身を削っての修行旅です。

2015年5月14日、トランクひとつと共にANAの飛行機に飛び乗って単身フランスへ。実はこの飛行機の中で、あるひとつの奇跡が生まれたのですが、それはまたもう少し後でご紹介することにします。

人生を映画のように

発狂してしまうくらい絶望の淵にいたところから、気持ちを入れ替えてフランス行きを決意したわけですが、ある考え方を取り入れることでこの状況を乗り越えることができました。

それは「自分の人生は映画なのだ。どのような展開があれば一番盛り上がるか。見ている観客が感動するか」という思考法です。新しいことを始めると、うまくいくときもうまくいかない時もどんどん訪れます。どちらかといえばうまくいかないことの方が圧倒的に多いはずです。どうしても落ち込んだり人間不信になったりしてしまいがちですが、実はピンチは最大のチャンスなのです。映画を見ていて一番盛り上がるシーンは何でしょうか？ 主人公が絶体絶命のピンチを切り抜けて大逆転で悪を打ち倒すというシーンです。どんなピンチがやってきても切り抜けることができればそれは自分自身の経験になりますし、そのピンチが大きければ大きいほど映画は面白くなります。

商品づくりはエンターテインメントでもあるということを忘れてはいけません。うまくいかない出来事がやってきたら「お、これはラッキー。どうやって切り抜けようかな」とワクワクさえしてきます。うまくいっている時ほど意外に視野が狭くなっていたり、保守的になってしまったり、自分の成長に繋がらない思考に陥りやすいのでむしろピンチは大歓迎です。その壁を乗り越えた先にはひと回り大きくなった自分がいるのです。

「突然何もかもうまくいかなくなり、全てを捨てて修行に挑んだ青年がパワーアップして帰ってくる」なんてどこかの漫画の主人公みたいじゃないですか。小さい頃の自分を俯瞰してストーリーをつくっていた能力が、ここで発揮されたのです。

フランス飛び込み修行

単身フランスに飛び込んだ僕は、研修先の近くに長期滞在の宿があったのでそこを拠点にすることにしました。オーベルニュの中心都市クレルモン＝フェランから西に約40キロ、ラクイユという人口600人ほどの小さな村です。9割近くの土地が牛の放牧に使われている酪農地域です。研修先のチーズ工場は社員が100人以上、1日に20t以上のブルーチーズを生産するとても大きな工場でした。

つまり村の人のかなりの割合が工場で働いているのです。

なぜそんな大規模工場を最初の修行先に選んだかというと、そこのチーズは日本でも食べられるのですが、いつ食べても非常に品質が安定していたのです。今回の修行では、季節の変化によるミルクの質に対応することが最重要ポイントだと感じていました。製造の知識や技術は小規模の工房よりも、大規模のところの方が集積されているのです。フランスの農村では牛乳はチーズにするのが大前提。点在する牧場のミルクを集めてチーズにする大規模型の工場がいくつもあり、それが地域の経済を支えているのです。僕が泊まっていた宿の目の前には地元の人が行く食堂があり、7ユーロほどで山盛りのポテトと豆を煮たもの、日替わりのお肉がお腹いっぱい食べられるところでした。もちろんその後にはチーズが食べ放題。フランスでは食事の後にチーズプラトーと呼ばれるチーズの塊が乗った皿が出てきて、好きなだけ切って食べられるのです。日本なら目玉が飛び出るくらいの値段の高いチーズが好きなだけ食べられます。

工場の勤務は車を持っていませんので、宿のオーナーから自転車を借りて約3キロの道を往復していました。5月の朝は少し肌寒かったですが、両脇に広がる放牧地の牛を眺めながら走るフランスの農道は最高に気持ちよかったです。

勤務時間は毎朝6時から夕方の5時まで。休みは基本、週に1日。割とよく働くな、という数字ですが、そこはさすがフランス人。カフェタイムの時間が異様に長い。1日で4、5回は休憩してカフェで飲みながら話をします。まず最初にそこで従業員と挨拶をして仲良くなっていきます。現場では季節労働のアルバイトもいたりして、割と見知らぬ顔の日本人がいても受け入れてもらえました。

しかし、会社を管理する上層部が厄介でした。働き始めた初日から僕の後ろでコソコソ話。「あの日本人はいつまでいるんだ？」「On n'a pas de chance（ついてないな）」という会話が聞こえてきました。僕がフランス語がわからないだろうと思い込み、大きい声で普通に話してる横で、日本でフランス語を勉強してきた成果を噛み締めながら粛々と働いていました。彼らからすれば僕は百害あって一利なしのお荷物だということです。とはいえ、こんなことで落ち込んでいてはフランスに来た意味がありません。自分が学びたいことを自分で道を切り開いて獲得しなければならないのですから僕も必死です。チーズの製造を知るには、製造現場の人たちと仲良くなることさえできれば大丈夫だろうと割り切りました。

体系化されたチーズづくり

仕事は各工程ごとに完全に分業制になっていて、それぞれのポジションに1週間ごとにつかせてもらいました。他の従業員もずっと同じ場所で働き続けるということはなくローテーションで仕事を回していました。つまり従業員が誰がどのポジションに入っても製造が回るようになっていたのです。そのためのマニュアルがしっかりとつくられていました。機械の動かし方、どれくらいの乳酸菌をどのタンクに入れるかなど事細かに書いてある指示書が現場のテーブルにおいてあります。

フランスではチーズ製造業は決して高給ではなく、あまり優秀な人材が集まらないのが現実のようで、雇用はほとんど地元の人ですから個人の能力を求めることは非常に難しいのがフランスのチーズ業界です。定期的に人が引っ越していなくなったりするため、出稼ぎ労働者を雇わなければならない状況でもあるのです。最近は、給料の高いスイスまで出稼ぎに行くチーズ職人が多いそうでフランスの3倍以上の高給なんだそうです。しかし、そんな状況でも安定の美味しさを年間を通して保つには、必ず秘密があるはずです。「誰でも美味しいブルーチーズをつくれるマニュアル」、この秘伝の書をしっかりと持ち帰ることができれば、必ず自分も納得のいくブルーチーズがつくれると確信しました。

毎日現場に入る度に、一生懸命日本での現状と悩みを話していました。そのうち熱心にコミュニケーションを取ってくれる同僚ができました。僕より6つほど年上のマーシャルです。僕の拙いフランス語を最後まで聞いて、一日中説明をしてくれました。話を聞けば、マーシャルはジブリなどのアニメが生き甲斐の、大の日本好きでした。ちなみに彼には3人の子どもがいるのですが、3人目の男の子には「ハヤオ」と名づけていました。そうです、ジブリの宮崎駿監督の名前をそのままつけたのだそうです。マーシャルは何度も自宅でご飯をご馳走してくれました。奥さんのヴァージニーは料理がとても上手で、毎回フルコース料理で僕をもてなしてくれました。彼の子どもも、やはり日本のアニメやゲームが大好きで、僕が訪ねるたびにポケモンや遊戯王などのゲームの話を絶え間なく浴びせかけてきました。

いつものように食事が終わった後、地元のワインを飲みながらチーズの製造について話し込んでいる時に、彼が言いました。

「無殺菌、脱脂しない、乾塩（塩水に長時間浸すのではなく直接チーズに塩をすりこむ手法）の3つを絶対に守るべきだ。これは難しいことではなく手間を惜しまなければ誰でもやれる。そして君の牧場のミルクは品質が良いはずだ。必ず質の高いチーズになる。後はうちの工場でやっている技術をしっかりと学べば大丈夫だよ。技術力ではフランスでもナンバーワンだよ」「うちの工場のように大量生産に追われるとどうしてもこの3つができなくなる。やらなくてもこれくらいの美味しいチーズにはなるけど、完璧じゃない。この3つは絶対やった方がいいんだ」と教えてくれました。それは大量生産しなければならない大手ならではの弱みでした。

つまり、

① 確立された製法
② 質の高いミルク
③ 手間を惜しまないこと

この3つを全て手に入れることができれば、世界レベルのブルーチーズとも十分に勝負できるということです。この全ての条件が揃っているところはフランスでも非常に少ないことがわかったのです。

秘伝の書

修業先ではブルーチーズ製造の「秘伝の書」を手に入れなければならないと考え、それには製造を任されているグループに入るのが一番の近道だと考えました。

ちょうど現場の中にやんちゃそうな若いグループがありまして、全員腕にタトゥーが入っていて仕事中も大声でふざけあっているのですが、見る限り手際はいいし仕事はできそうだと感じました。

彼らは休憩時間のたびに嗅ぎタバコという鼻から吸い込むタバコをみんなでやっていました。（フランスでも日本でも合法なものです。念のため）そこにおもむろに歩いて近くに行き、「それ俺もやらせてくれないか？」と言いました。普段全くタバコは吸わないですけどね。「いいよ、手出しな」自分の手の甲に出してくれた粉を一気に鼻から吸い込むと頭がクラクラして、酔っ払ったように目眩がしました。それを見たみんなが大声で笑いました。「はっはっは、気持ちいいだろ！もし気に入ったら近くのタバコ屋に売ってるからこの品番のがオススメだ」。そこから距離が縮まりました。休憩のたびに彼らの雑談に紛れ込ませてもらいました。ただでさえおぼつかないフランス語。地元の人間だけの会話なので理解できないこともありましたが、楽しい空気というものは細かなニュアンスがわからなくても伝わるものです。

ある時、そのグループのリーダー的な存在だったセブ（本名はセバスチャン）という若者に向って「君の髪型かっこいいね。それ俺もやりたい」と言うと、「よし、次の休み俺の家に来い。切ってやる」と言ってくれました。そして休日に彼の家に遊びに行き、バリカンで切ってもらいましたら、こうなりました。似合ってるかどうかなんてどうでもいいんです。セブと同じ時間を共有し、同じ髪型にしてみた行動そのものが大事なのです。僕がフランスに行った時、この刈り上げカット（おそらくサッカー選手のクリスチャーノ・ロナウド選手などの影響）が大流行りで若者の八割がこれでした。

日本人は流行に流されてみんな同じファッションをすると言われていますがフランスも例外ではありません。世界中みんな流行が大好きです。

仲良くなったセブと

また、フランスの田舎は閉鎖的だという人がたまにいますが、人間の本質はどこの世界もほとんど一緒です。最初から心の距離が近いなどということはあり得ません。しかし共感を得ることができれば必ずその距離が縮まっていきます。髪を切った後、そのままセブの家族とご飯を食べることになりました。お腹もいっぱいになりチーズもデザートも食べて動けなくなった頃に彼が言いました。

「イセ、良いものを見せてあげるよ」

と言って奥の部屋からひと束の書類を出してきました。見せてくれたのはブルーチーズの製造について書かれた資料。それはブルーチーズをつくるためのありとあらゆる膨大なデータとノウハウが書かれた、まさに「秘伝の書」でした。どんな仕上がりにしたいかに合わせるための全ての情報が、事細かに記してあります。働いていた工場でブルーチーズは13種類につくり分けられていたのですが、その全てがその資料を元にレシピが作成されていました。

「これを勉強すれば絶対にチーズの製造は間違いないよ。フランス語で書かれているけど大丈夫かい？」彼の質問に即座に頷き、家で自分で辞書を引きながら勉強する事を約束しました。その資料は数百ページに及ぶものでしたが、うまくチーズをつくれなくて全て廃棄していた苦しみに比べればそんなものは屁でもありません。かつて大学で同じくらいの分厚さのノートをつくった経験が蘇りました。これを1ページずつ理解すれば自分は本当のプロになれるんだという喜びで、興奮を隠しきれない僕をセブは嬉しそうに見ていました。

「もしイセが日本でうまくいったら俺を雇ってくれ。フランスは給料が低すぎる」

「わかったよ。日本人はフランス人が大好きだからセブが日本にきたら女の子がたくさんチーズを買ってくれるよ」そんな冗談も（ひょっとしたらセブの言葉は本気だったかもしれませんが）言い合える最高の夜になりました。

フランス語を早く覚える方法

僕が行ったオーベルニュ地方は、田舎なので英語は通じないことが多いのです。フランスに行ってからも、仕事の時以外はずっとテレビをつけながら参考書と同時進行で勉強していました。ここで質問、一番見るべき番組はなんだと思いますか？

答えは、恋愛ドラマ。

言葉がシンプルなんです。嬉しいとか悲しいとか感情を伝え合うだけの時間がひたすら続きます。恋愛というのは本当に語彙が少ないんです。よくわかりやすいとイメージされる子ども向けのアニメや番組は意外に聞き取りづらいです。しかも口語が多いので、調べても「？？？」となることがしょっちゅう。恋愛ドラマのおかげで半年くらいで日常の会話くらいはできるようになりました。フランス語は英語よりも日本人に馴染みやすいと思います。音の出し方が英語よりも日本語に近く、英語のような独特の抑揚がありません。ちなみに栃木弁にとてもイントネーションが近いです。そしてとにかく一日中フランス語を聞きましょう。スマホも言語モードをフランス語に切り替え、暇な時に見る動画もなるべく日本語のものは見ないように心掛けます。語学留学などでフランスに行ったのに日本人やアジア人の友達に囲まれて生活しているといつまでたっても現地の言葉が頭に入りません。バイトを選ぶ際も同僚が地元の人ばかりの場所を選ぶようにしましょう。

チーズ熟成士という仕事

ラクイユでの研修は2ヶ月で終わってしまいました。残念ながら技術を盗みに来たのではないかと上のスタッフからはあまり歓迎されていなかったからです。事実、僕は一日中、いろんな人に製造のことを聞いて回っていました。仲の良かった現場のマーシャルやセブ、他の同僚たちが頑張って説得してくれたのですがこれ以上の面倒は見れないという結論でした。見事に無給で放り出されることになりました。

しかし落ち込んでいる暇はありません。次の修行先を探さなければ。そこで僕はある人に拙いフランス語で連絡を取ります。その相手はチーズ熟成士、その中でもMOF（国家最高職人）の称号を持つカリスマ、エルベ・モンス氏です。彼はチーズ生産者からチーズを仕入れ、独自の熟成をかけて販売しています。フランスをはじめヨーロッパにはたくさんの牧場があり、各地で自家製のチーズをつくっています。しかし、日々の家畜の飼育とチーズの生産に手いっぱいで、熟成の管理や販売に加えて営業をするな

チーズ熟成士 エルベ・モンス氏と

ど、とてもじゃないけど手が回りません。そこでチーズ熟成士が登場、というわけです。熟成士がまとめて農家のチーズを買い取り、専用の熟成庫に持っていき管理します。そこで独自の熟成をかけ世界中に販売していくという仕組みです。カリスマ熟成士のモンス氏は、地元のトンネルを丸ごと買い取って熟成庫にしていました。彼の仕上げた独創的なアイデアのチーズはミシュランの星付きレストランやグルメの人たちに買われていきます。ヨーロッパでは非常にアーティスティックな仕事とされていて、モンス氏ほどのトップ熟成士になるとしょっちゅうテレビに出てきます。ちなみに国家資格であるフランス最高職人（MOF）の称号をもつ彼はみんなの憧れの的です（最近はいろんな人に与えすぎて品位が下がっていると文句を言っていました）。彼の会社にどんな条件でもいいから働かせてくれないかとメールを送りました。すると返事が返ってきて「リヨンのうちの店で研修を行ってるからどうぞ」とのこと。やった！　こうしてリヨンにあるエルベ・モンスのチーズ専門店で働くことになりました。

リヨンはフランス第二の人口の都市で、僕のいたオーベルニュから東に80キロほどのところにあります。都市の周辺にはワイン畑や牧場が広がり食産業が盛んで美食の町としても名高いリヨン、その名声を世界に知らしめたのはカリスマシェフと呼ばれたポール・ボキューズの存在です。世界中の美食家が彼の料理を食べるためだけに訪れる超カリスマシェフです。ちなみに映画の「アメリ」で有名になったクリームブリュレを今の形にしたのも彼の功績です。そのポール・ボキューズの名前を冠したリヨン最大の市場、ポール・ボキューズ市場の一角にあるのがモンスのチーズ専門店です。フランス中の選りすぐりのチーズが所狭しと並んでいるのですが、店員特典としてつまみ食いし放題。ほかに何も食べる必要がないくらい食べまくっていました。その分仕事もしっかりやります。

毎朝開店前に熟成庫から商品のチーズを取り出しショーケースに並べます。位置が決まっているのでチーズの名前と形を覚えなければなりません。ブルーチーズは全て最初から判別できたのですが、他の種類も百種類以上あり苦労しました。中でもシェーブル（山羊乳のチーズ）は名前や形がどれもほとんど一緒。チーズが逆になったりして怒られたりもしました。そして勤務2日目から接客をやらされました。「できるかい？」と試されるように聞かれたのでここで躊躇したら負けだと思い、平然を装って「ウイ（フランス語でオッケーの意味）」と即答してお客さんの前に立ちました。

次々と入る注文、当然お客さんが何を言っているか途中でわからなくなってしまうことも多々ありました。「これが何個ほしい」くらいならわかるのですが「今日○○と食事するのだけど、○○の料理に合うチーズはどれかしら？」といった具体的な話になるともうお手上げです。自分の無力さを痛感させられますが嘆いている暇はありません。さらに、僕のいた地域は訛りもあったのでモゴモゴと喋られるともはや同じフランス語にすら聞こえませんでした。

そして彼らは決してこちらに合わせてゆっくり話しません。「もう1回話して」というと最初よりも早口で話します。

さらに「もう1回！」というと、「C'est pas grave（大したことじゃないよ）」と言われて会話が終了します。そうなるともう話をしてもらえません。一度こちらが悪いという態度を出してしまうと店長を呼ばれてしまい、「ショエイ（僕の名前、昇平をフランス語で発音するとこうなります）にはまだ無理だったか」と言われてしまいます。ここで期待に応えられなかったらチャンスを逃してしまう。なんとかこの状況をきり抜けるために、考え抜いた末、ある法則を見つけました。

それは「人は常に面倒くさくない方を選択する」ということです。お客さんは僕に何度も説明するのが面倒くさいから何回も同じことを言わないんです。だったら逆に説明しないと面倒くさいと思わせればいいわけです。もし彼らが言っていることがわからなかったら、「おいおい、ちゃんとわかるように説明しなきゃダメじゃないか。もう一度チャンスをあげるから説明してごらん。聞いてあげるよ」というのを口に出さずに表情で伝えて、笑顔でまっすぐ微笑む。つまり会話が成立しないのを相手のせいにします。これで間違いなく何度でも説明してくれます。もし断ったらこいつ面倒くさいな、と思ってくれているはずだからです。こうして店員とは思えない図々しい対応をする日本人ができ上がりました。日本で同じことをやったならすぐに苦情が来そうですが、フランスでは店員と客が対等である、むしろ店員の方が偉いのではないかという風潮がありまして、この方法を使うとみんな渋々ですがゆっくり説明してくれるようになりました。見事に現地のしきたりにハマることができたわけです。「郷に入っては郷に従え」ですね。

店長に「ショエイは日本人ぽくないね、シャイじゃないよ」と言われましたが褒め言葉と受け取り最後までそのスタイルを貫き通しました。観光客の日本人が来る度に話しかけて、男女問わず友人になっていたおかげで最終的についたあだ名はショ・エイ。フランス語でショは暑いという意味ですが、ナンパ男の意味も。エイ（ヘイ）は人に声をかけるときの呼び声。つまりいろんな人に声をかけるナンパ野郎という意味です。頑張った甲斐もあり名誉ある名前をいただくことができました。来店されたお客さんの中には料理の鉄人で有名なシェフ人もいらっしゃいました。さすが美食の街リヨン。貴重な経験となりました。

グローバルの第一歩は日本文化を知ること

ある時、同僚にいきなり宗教観を聞かれました。

その女の子は特別僕を何かの宗教に勧誘したいとかいうわけではなく単純に日本の宗教に興味があったようです。あなたは何か信仰があるの？　日本は仏教が一番普及している？　というような内容です。僕は特に特定の信仰があるわけではなかったのですが、地元の神社で禊《みそぎ》（早朝にふんどしをしめて水を被り身を清める神事）をしていたため、神道の話をしました。どんな田舎にも神社があって、八百万の神がいて、など知っている限りの知識をフル活用して会話をしました。

彼女はとても興味深そうに僕の話を聞いていました。日本人がフランスに漠然とした憧れを抱いているように、フランスの人も日本という国に非常に興味を持っています。自分たちの歴史や文化を把握しておくことはとても大事です。もちろん現地の言語であったり、文化を勉強しておくことは必須ですが、自分のルーツをどれだけ発信できるのか、主張できるのかを意識しておくと良いです。欲しい情報や信頼を与えてもらえるのは、先に自ら与える人です。自分にしかないバックグラウンドを理解しておくのはとても重要です。

熟成は夢が溢れてる

モンスのチーズ熟成庫を見せてもらっていた時、衝撃的なチーズが目にとまりました。そこにあったのはカカオ、マーマレード、ブランデー、ありとあらゆる素材で熟成された色鮮やかなブルーチーズたち。まるでチーズの宝石箱のようです。

なぜブルーチーズの熟成にいろんな素材を使っているのかをモンスに聞くと、青カビにより脂肪分解が進むことで外部からの匂いや成分を吸い取りやすい状態になっていて、様々な香りと青カビ本来の匂いが合わさり化学反応のようにユニークな風味になることから別格の扱いを受けているとのことでした。これらのチーズはヨーロッパではありえないほどの高い値段で取引されていました。日常食べるチーズはフランスやイタリアではスーパーで100gあたり100円ほどで売られています。正直、この値段で生産していたらどこの農家もすぐに潰れてしまうような値段ですが、ヨーロッパでは農業、特にチーズには多額の補助金が投入されており、農産物を国が保護することで生産を維持しています。

しかし、近年それでも扱いが低すぎると、所得の向上を求めて農家がデモを行うということが多発しており、僕のフランス滞在時にも、ある酪農家団体が高速道路にミルクをぶちまけるといったデモがニュースになっていました。そんな時代の流れの中でチーズに付加価値をつけようと生まれたのがこのアレンジ熟成です。

今ヨーロッパではこのアレンジ熟成が流行りだしていて、チーズの品評会でも新たにアレンジ部門の審査ができているそうです。普通のチーズの10倍、20倍以上する高価なアレンジ熟成チーズが飛ぶように売れていました。買い手は街のセレブや高級レストラン。中には特注のオーダーが入り、希望に合わせてオリジナルの熟成をかけているものもありました。ひょっとしたらこれが世界一のチーズをつくるための突破口になるかもしれないと思いました。「これは難しいのか？　どうやってつくり方を勉強したのか？」と聞くと、「この熟成は誰も人に教えたがらないからみんな独学で学ぶのさ。手当たり次第試すんだ。今も試作専用のスタッフがいていろんな熟成に挑戦中だよ」とのこと。まだ歴史の浅いスタイルであるがゆえに可能性のある分野なのだと感じ、その美しさをしっかりと目に焼きつけました。

レンタカーでの車泊旅

リヨンでの研修も無事終わり、次はフランス中のブルーチーズ生産者を訪ねてみようと決めました。運の良いことに本屋さんでフランスチーズ生産者が一覧になった雑誌が売っていたのでそれを購入し、ブルーチーズの生産者に全てチェックを入れました。地図上でその生産者の位置をピンで記録していくと、生産地はオーベルニュ近辺の内陸地にかたまっており、車があればなんとか全て回れそうだ、ということがわかりました。とはいえ半径300キロはあったのですが、その時はもう感覚が麻痺しており、「北海道を一周するよりは楽だ、近いな」と思っていました。レンタカーで2週間ほど一番安い車を借りて、中には毛布と着替え、荷物を詰め込み車泊の旅が始まりました。

日本であれば24時間やっているコンビニや、銭湯が全国各地にあるのでさほど難しくないのですが、フランスにはどちらもありません。かわりにどんな小さな村にも教会があります。教会は集落の中心に必ず建設されているので目的地の村の教会の駐車場に車をとめます。そしてその近くにあるバーに入っていきスマホとパソコンを充電させてもらいます。田舎に日本人がくるなんてほとんどないので、かなりの確率で誰かが話しかけてくれます。事情を説明すると「おお、それは素晴らしい！一杯奢るぜ！」というテンションになるのであわよくばお金を払わずにお酒が飲めるという仕組みです。本当に感謝です。日本に僕のような外国人がいたら絶対に優しくしようと心に誓いました。

食事は買いだめしておいた硬めのパン、ジュース、それとチーズ。車の中でそれにかぶりつきながら「絶対日本に帰ってうまいブルーチーズをつくってやる、つくってやるぞ」と、うなされたように呟いていました。黙って食べると寂しさと自分の無力さに負けてしまいそうになる気がしていたからです。ここまでくると執念を通り越して怨念です。

そして夜は車の後部座席で毛布にくるまり一夜を明かします。時々、警察の見回りがくるので要注意です。怪しいやつがいると思われたら注意を受けて車を移動させなければならないので、窓から見えないように完全に毛布の下に入ります。顔は出しません。寝返りがうてるほど広くないので朝起きると体はガチガチです。外に出て軽く体操をしてほぐします。フランスはコンビニのかわりに街のどこにでもあるカフェが7時ごろオープンするのでそこに入りトイレで歯を磨き、水を頭にかけて寝癖を直し1杯だけエスプレッソをいただいて店主から情報収集。そしてまた次の目的地に行く、これを繰り返していました。結局全ての生産者は時間が足りなくて回れなかったのですが、それでも20ヶ所以上の生産者を訪ねました。

訪ねていくと中には門前払いを受けることもありました。怪訝な様子でこちらを眺め、拙いフランス語で説明しようとすると「Non!」の一言で会話は終了です。「そりゃそうだ、突然訪ねてきて言葉もろくに喋れない外国人に時間を取られるのはいやだよね」とむしろ納得していました。

中には優しい生産者もいて、忙しくともちらっと生産現場を見せてくれてたり、僕の質問に答えてくれました。その中で、うちの牧場と同じくらいの規模で生産量も同じくらいのブルーチーズ生産者がいたのですが、牧場仕事とチーズの製造などの一連の流れを教えてくれました。

この旅の間は流石にお風呂には入れませんでした。後半はさぞかしきついチーズのような臭いで生活していたんだろうと思います。訪ねた人たちも「なんだこのくさいアジア人は」と思っていたことでしょう。とにかくあの時はなんでもやれました。ひと足遅く来た青春のようなものです。「旅の恥はかき捨て」とはよく言ったものです。毎日が冒険で次の見学先をその日暮らしで決めていきました。今思えばこれをユーチューブに投稿したら結構面白かったかも知れません。

皆さんもちょっと変わった旅をする時は、できるだけ記録に残しておくことをお勧めします。きっと後で役に立ちます。

最終的には熱意で何とかするしかない

たかが1年ほどフランスにいただけですが、熱意は誰にも負けてなかったと確信できます。絶対に自分が必要な知識と技術を学ぶんだ、という熱い気持ちで毎日を過ごしていました。冗談ではなく、何も収穫なく生きて帰ることはないと覚悟を決めていたので、行動を起こすときに躊躇する時間は一瞬たりともありませんでした。

海外で生活したり何かを学んだりする際に最も必要なものは「自分はこれをやりたい」という熱意です。執念と呼ぶときもあれば時には怨念に近いかもしれません。持っているだけのエネルギーに応じて人は答えてくれますし、同じくらい熱量を持って生きている人と引き合い、自然につながっていきます。熱量なくしてどこか違う環境に身を置いたところで何も得ることはできません。

ここまで色々とうまくやるコツのような話を書いてきましたが、結局は自分が何がしたいのかを持っていなければ何も意味はありません。わがままだとか自分勝手だとか物怖じする必要はありません。フランスは自分が何がしたいのか、はっきりと意思表示できない人間には非常にドライな国です。黙っている人間には決して手を差し伸べてくれることはありません。デモやストライキといった社会に対する市民活動が日常的に行われる文化の国ですので、最初はこれだとしつこすぎるかな、というくらいに自己主張しましょう。それでちょうど良い感じになります。

日本人は特に暑苦しいのが苦手な国民性ですので、素直に自分の欲求を表現するというハードルをいかに超えるかが海外修行の成功の秘訣と言えるでしょう。それさえあれば知識や技術は後からいくらでもついてきます。

酵母

フランス修行は最大1年間の予定で行ったのですが結果的には10ヶ月弱ほどで日本に帰国しました。自分に必要な技術と情報は全て手に入れたという確信があったからです。

突然青カビが生えない原因となっていたのは「酵母」でした。

実は青カビというのは他の菌に比べて生育のスタートダッシュが遅いのです。対して酵母は早い。酵母は製造の翌日ぐらいからどんどん動けるのですが、青カビは熟成庫の9度前後の環境だと青色の胞子を出すまでに10日から2週間ほどかかります。そして製造したての酸度の高い状態のチーズは、青カビにとってあまり生育しやすい環境ではないのです。そこでまずは酵母がチーズ内部に拡がり、酸を食べることでアルカリに傾きます。そうして酵母の繁殖が落ち着いた頃に青カビが登場し、一気にチーズ全体へと広がることができるのです。以前、突然青カビが生えなくなった理由は、この酵母の活性に季節の変化が影響を与え、その後に続きたい青カビの生育の準備ができなかったのです。ブルーチーズが完成するまでの菌全体の動きを僕が把握できていなかったのです。

実はそれに気づいたのは割と早い段階で、フランスに行ってから2ヶ月ほどのタイミングでした。修行先のチーフから内部資料を読ませてもらったところ、過去の失敗例に全く同じ症例があったのです。その資料を特別にコピーさせてもらい辞書を片手に翻訳して真相が判明しました。この時点で日本に戻ってもうまくつくれていたかも知れませんが、残りの時間で多くの生産者やチーズ熟成士の仕事などチーズを取り巻く環境について、幅広い知識を得ることができました。

帰ってから、まずは手に入れた知識と技術を丁寧に自分の製造で再現してみました。ところが製造してでき上がったチーズを熟成していくと、どうも同じ仕上がりにならない。普通なら「なぜ？ ちゃんと学んできたことをやれているのに！」とパニックに陥るところですが、それこそがフランスで学んだ最大の収穫。「どうしてうまくいっていないかがわかる」ということです。ミルクを絞ってからチーズになるまでの全ての工程が、なんのための作業なのか。

たとえば、一般的に何かを学ぶということは知識や情報を取り込み、暗記することだと考えられがちですが、本当に大事なのは起因と結果の間にある過程をどれだけ具体的に説明できるかなのです。この時のうまくいかない原因はミルクに対して使用する乳酸菌が、最適なものではないということでした。フランスの乳酸菌のカタログの中からつくりたいチーズに合う可能性がある全ての商品をサンプルで購入し、手当たり次第試しました。そして、ひとつの乳酸菌でつくったチーズがぴったりハマったのです。その乳酸菌はブルーチーズ用ではなく、マンステールと呼ばれるウォッシュタイプのチーズをつくる際に用いられるものでした。ミルクも違えば環境も設備も違います。条件によって無限の組み合わせがある中で、完成度の高いチーズをつくっていく。チーズづくりとは自然の奥深さと人間の創意工夫の共同アートなんです。

オリジナリティとは過去を知ること

チーズづくりを始めた時はセンスと情熱さえあれば、自分にしかできないチーズがつくれると思っていました。しかしそれに到達できるどころか、すぐにボロが出て出荷できないチーズをつくってしまいました。絶対に踏まえなければならないポイントを見落としていたらどんな工夫をこらそうとも良いものはつくれません。今まで先人が積み上げて来たものを全部知ってからがオリジナリティなんです。

まずはこれまでの歴史を全て踏まえた上で未来をつくっていかなければ、良いものづくりはできません。未開拓な場所を知るにはまず開拓されているのがどこかを知る必要があります。ブルーチーズであれば、まずは世界中でその名前のつく商品を全て調べてみるのです。そして全ての味や値段、デザインを調べます。そうするとその種類の商品をつくる上で絶対に踏まえなければいけないことが見えてきます。チーズの旨味を引き出すための柔らかいテクスチャーであったり、青カビのしっかりした風味であったり。それをおさえた上で、どの商品にもないメリットを付け加えることで初めてオリジナリティのある商品となります。

フランスに行く前は全く気づくことができませんでした。勉強とは人が経験したことを学ぶこと。誰もみたことのない世界はその先にしかないのです。

世界基準のブルーチーズの秘密

伊勢ファームでは朝6時の搾乳から仕事が始まります。普通の酪農家からすれば6時に開始というのは比較的遅い方です。伊勢ファームは牛の飼育頭数が最大でも20頭と少なく、基本的に兄と2人なのでこれくらいの開始時間でも十分なのです。自分の担当の牛（主にチーズ用のブラウンスイス種の搾乳を担当している）が終わったら一旦仕事を切り上げ、着替えてチーズ製造へ向かいます。絞った牛乳を20ℓの集乳缶に入れ工房に手作業で運び込み、チーズバットと呼ばれる容量牛乳を入れる大きな容器に注ぎます。1日の最大生産量は150ℓ。チーズにすれば10分の1の15キロになります。牛乳は9割のホエーと1割のチーズに分かれるので実はミルクのほとんどはホエーなのです。

牛乳がチーズバットに入ったらまずは乳酸菌と酵母と青カビのスターターを添加します。各微生物はブルーチーズをつくるのに適したものをフランスから輸入しています。

何百種類とある中からミルクとの相性のいいものを探すわけですが、これはフランスのレシピを読んでもベストなものはわかりません。実際に使えるものは全て試してみないとわからないのです。僕が現在使用している乳酸菌はブルーチーズ専用のものではなく、「ウォッシュタイプ」と呼ばれる、チーズの表皮をお酒で洗いながら熟成させる柔らかいチーズ用の乳酸菌を使用しています。フランスから帰ってきた際にはブルーチーズ用のものを使っていましたが、なかなか納得いく仕上がりにならず、購入できる全ての乳酸菌をしらみつぶしに試した結果、今の乳酸菌がベストであるということがわかりました。その土地の成分や牛の個性、様々な要素が複雑に絡み合っているのです。イタリアのゴルゴンゾーラは乳酸菌の中でも高温菌（36～42度前後で活性が高くなる乳酸菌）とオリジナルの酵母のスターターセットを使用して製造します。

オリジナルというのは微生物を販売している会社が、チーズ製造の工場に合わせた特注品をつくってそこだけに販売しているということです。ゴルゴンゾーラ特有のトロッとした食感は、この特別なスターターを確立できて初めて成立させることができます。どのような仕上がりにしたいかがつくり手の頭の中にないと、無限にある微生物の組み合わせをいつまでたっても見つけることができません。到達地点を想像して準備をすることはものづくりにおいて欠かせない要素となります。

それぞれの微生物を入れてしばらく32度ほどの温度で1時間ほど置いたら、次はレンネットと呼ばれる酵素を加えます。これはもともと赤ちゃん牛の胃袋の中にある酵素で、ミルクのタンパク質を凝固させ白い固まりと黄緑色の液体に分離する働きを持っています。黄緑色の液体というのはホエーのことです。このホエーには体の調子を整える成分がたくさん入っているのです。ラクトフェリン、免疫ブログリンなど、鉄や栄養素を吸収促進する力を高め、体の免疫機能を高めます。まず腸をこのホエーが流れることで腸の調子を整えるんですね。ちなみに市販のヨーグルトを食べた時に出てくるのもホエーです。そして白い固まりこそがチーズです。水分中に溶けていた乳タンパク質が酵素の力で溶けることができずに凝固したものです。

生まれたばかりの哺乳類の赤ちゃんは、まだ未発達で個体をいきなり口に入れて咀嚼し取り込むことができません。そこで液体のミルクを体に取り入れ、お腹の中の酵素で液体のホエーと個体のチーズに分けた後、ホエーにより消化器を整え、最後にゆっくりと個体であるチーズが腸を通り、栄養を最大限吸収できるようになっているのです。

液体は最大でも数時間しか腸の中に留まれないのでタンパク質や脂肪を消化しきれず、

液体のままだと栄養を取り逃がしてしまいます。つまりチーズというのは哺乳類が生まれた赤ちゃんを一番効率的に成長させるために進化の過程で生み出した驚異の知恵なのです。この酵素は赤ちゃんにしか備わっていないもので、大きくなると自然に失われます。いわゆる「乳離れ」です。大人になるとミルクを飲んでもチーズをお腹の中でつくり出すことができず、最大限栄養を吸収できないまま体外に出てしまうのです。「牛乳不要論」などが定期的に持ち上がるのはこれが主な理由です。

この哺乳類の知恵の結晶であるレンネットを、ミルク1000ℓに対して20㎖ほど加え、静かに混ぜたらまた50分～1時間ほど待ちます。酵素がミルク全体に作用するまで時間がかかるのです。この待ち時間も季節によって変わります。夏は発酵が早いので短めになりますし、冬は反対に長めに待ちます。しばらくすると液体だったミルクは徐々にドロドロになり、やがて杏仁豆腐やプリンという表現がふさわしい半固形物に変化していきます。指を静かに入れて持ち上げた時に綺麗に裂け目ができれば準備万端です。1センチ角のサイコロ状にカットしていきます。ブルーチーズのチーズバットは半円筒型のかまぼこを逆さまにしたような形をしており、その形に合わせた専用のワイヤーカッターで縦、横、高さと3方向から切れ目を入れていきます。これを崩さないようにゆっくり混ぜていくとホエーの排出が促されます。白いサイコロ状になったカード(凝乳した状態のチーズの元)から黄緑色の液体が滲み出てきて、そのサイコロ状の塊は硬くなっていきます。5分混ぜて5分休む、これを繰り返すこと1時間以上。長時間混ぜ続けられた塊たちの表面に薄い膜が張ってきます。これがブルーチーズをつくる際に重要な「コワファージュ」です。コワファージュとはフランス語で「膜」「膜を張る」という意味です。

なぜこの作業をするのかというと、青カビは少しだけ酸素がある状態を好みます。チーズの内部を隙間だらけにすることで青カビにとって最適な酸素濃度になり、大理石状の綺麗な青カビが生える、というわけです。一粒一粒に膜を張らせることで粒同士の結着を阻害しチーズ内部を隙間だらけにするのです。青カビの特徴を存分に発揮させたいならできるだけ隙間ができるように、一粒一粒がはっきりと膜を張るように調整していきます。ちなみに部屋の温度は25度。多くのチーズを製造する際はだいたい30度以上の室温が適しています。これは乳や、でき立てのチーズの温度と温度差をなくす事で空気に触れている部分が冷えて膜がはってしまうのを防ぐ目的があるんですが、ブルーチーズはコワファージュを起こすためにワザと温度差をつくります。

こうやって丁寧につくったチーズの粒を、型にゆっくり流し込んでいきます。ここで崩れてしまったらせっかくつくった膜が台無しになってしまいます。型の中いっぱいに入れたら定期的にひっくり返して形を整えていきます。こまめに反転しないと形が崩れ、内部の隙間も不均一になるので綺麗な青カビが生えません。型入れから10分、30分、1時間、3時間、一晩と合計5回の反転をして一晩置いて発酵を完了させます。

次の日に塩を刷り込んでいきます。使う塩の量はチーズの重量に対して4~5%。丸2日かけて室内で塩漬けにし続けていきます。ブルーチーズは塩がきつすぎて苦手、という方も多いと思いますが、ブルーチーズはすべてのチーズの中で、最も塩分濃度がきついチーズになります。理由のひとつは、青カビは生育までにかかる時間が他の菌に比べてゆっくりなため、その間他の菌に繁殖されないためです。青カビは塩分が高くても生育できるのに対して雑菌は生育できない。この差を利用して雑菌からチーズを守り青カビだけにチーズを熟成させるための工夫なのです。青カビは10%までの塩分濃度に耐えることができます。この時、塩分濃度が濃いほど強く青色を定することがわかっています。そしてもうひとつ、青カビは苦味を出しやすいため、塩分濃度が薄いと苦いチーズになりやすいためです。これらの理由により他のチーズの1.5倍から2倍の食塩を擦り込むのがブルーチーズの特徴です。

2日間の加塩が終わったら9度の熟成庫へチーズを運んでいきます。ただし、大規模工場でつくられるブルーチーズは加塩の加減をコントロールする暇がなく、塩の山の中でチーズを転がしてつけるやり方を採用しているので、塩辛いものも多いのです。現地の人たちもしょっぱいブルーチーズは苦手だと言う人が多いので「しょっぱいブルーチーズこそが一級品」と言うわけではありません。

熟成の奥深さ

熟成庫に入ったチーズは出荷までの約3ヶ月、9度という低温でゆっくりと熟成を進めていきます。熟成庫は業務用で売られているプレハブ冷蔵庫を使用しており、1度単位で温度の管理が可能です。ヨーロッパでは天然の地下室や洞窟などを利用しているところが多いですが、これらは整備するのに多額の費用がかかるのに加え、日本では衛生上の管理で許可をとるのにハードルが高いため選択していません。ラクレットやゴーダなど、みなさんがよく知るタイプのセミハードチーズは10度~12度といった熟成温度ですが、ブルーチーズはそれよりもやや低めの温度が適温とされています。

フランスのロックフォールはメーカーによって差はありますが平均で6度前後ですし、イタリアのゴルゴンゾーラは2度くらいの低温で熟成しているメーカーもあります。チーズ内部で働く微生物は多種多様で、温度が上がるほど活動できる種類が増えていきます。しかし青カビは唯一、2度ほどの低温でも活動を続けることができるのです。どの菌にどれくらいお仕事をさせるか、ということを考えるのがチーズ熟成の一番重要な仕事です。熟成の平均温度が1度違うだけで違う味のチーズになりますから、つくり手次第で千差万別のチーズをつくり出すことができます。微生物は絶妙な拮抗と世代交代を繰り返して複雑な生態系をつくっているのです。

そしてさらに湿度の要素も加わります。どのチーズも基本的には90％以上の湿度が必要で、ブルーチーズは95％以上の湿度が求められることが多いです。それよりも低いと雑カビが生えたり乾燥して表皮が硬くなってしまうためです。この湿度と温度の組み合わせによる熟成の多様性はフランスでも今だに完全にマニュアル化できておらず、ブラックボックス的な要素を含んでいます。この工程がその土地でしかつくれないものにしてくれます。自然と人間の共同制作アートです。チーズの種類によっては二段階、三段階の熟成庫を使用して味に深みをもたらす方法も採用されています。

熟成の序盤にブルーチーズ特有の作業がひとつあります。それは「穴あけ」です。青カビは酸素がやや少なくても生育できる特徴を持っており、チーズ内部の隙間に少量の酸素を通すことで独占的に菌糸をチーズ全体に広げることができるのです。その状況をつくるために熟成庫にチーズが入って5日〜1週間ほどたったタイミングで細い針でチーズに穴を空けます。空ける量は季節やチーズの質によってまちまちですが、江丹別の青いチーズはやや多めの80ヶ所ほどの穴を空けます。

フランスでの修行先では50ヶ所ほどでしたが、日本で同じようにやってみると少しカビの生育が遅かったため穴の量を増やしています。そしてフランスでは3ミリから4ミリの太さの針を使用していましたが、伊勢ファームでは2ミリと細いものを使っています。熟成庫に住みついている微生物の種類が違うのか、太い針で穴を開けると青カビ以外のカビも生えてしまい綺麗なブルーチーズにならなかったためです。チーズの上下から針でまっすぐ穴を空け酸素をチーズ内部に取り込んであげます。これで熟成の準備は整いました。ブルーチーズの熟成はＰＨ4·8〜4·9くらいの酸度のグリーンカード（まだ熟成していないチーズの塊）を微生物の力によって少しずつアルカリ性に傾けるところから始まります。実はこのＰＨでは青カビは活動できないので（ＰＨ5·00〜5·05から強く活動することができる）、まずはＰＨ4·6から動くことのできる酵母の働きによりＰＨを上げていきます。ＰＨが5·00を超えたところで青カビの出番です。熟成温度によりますが、熟成庫温度が9度だと14日〜16日ほどで内部に青カビが広がり始めます。あまり早く青カビが生育してしまうと、チーズ本来の旨味を出し切らないうちにカビの味がきつくなりすぎるので注意が必要です。青カビの菌糸がチーズ全体に広がり、PHが7.0になったらその瞬間が一番の食べ頃です。商品として出荷する場合はそれよりも少し早いタイミングでカット、包装して販売します。消費者の手に届いた時に最も風味が豊かになるように調整しているのです。熟成全体のメカニズムは非常に複雑で全てを解明することはほぼ不可能ですが、3つの主な変化が起きています。

ひとつは、カゼインたんぱく質が凝乳酵素や微生物由来の各種プロテアーゼの働きにより、うま味成分であるペプチドやアミノ酸に分解されます。熟成が進むにしたがって、アミノ酸からアルデヒド、アミン、含硫化合物などのチーズの香り成分も生成されます。

ふたつめは乳脂肪。これは特にブルーチーズ特有の変化です。リパーゼという脂肪分解酵素の働きにより、遊離脂肪酸が産生されます。その中の酢酸、酪酸、カプロン酸、カプリル酸などの揮発性の脂肪酸は、チーズの香り成分となります。遊離脂肪酸が酸化されることで、ブルーチーズに特有の香り成分であるメチルケトンが生成されます。

そしてみっつめは、もともと乳中に含まれる乳糖を乳酸菌が発酵することによって、乳酸、エタノール、二酸化炭素が産生されます。乳酸からは、アルデヒド、アセトンなどのチーズの香り成分が生成されます。さらにブルーチーズに使われる乳酸菌は発酵によりクエン酸からジアセチルや酢酸を産生します。

こうした様々な微生物の働きにより成分の分解が進んでいくのですが、それぞれの発酵がひとつの点で頂点を迎えるタイミングが重なった時が食べごろです。まるで味のオーケストラです。どれかひとつの要素が欠けたりタイミングが早くても遅くてもいけません。発酵がどんどん進んでいくとチーズはアルカリ性に傾き、アンモニア臭が強くなって一般的には食べづらい風味となってしまいます。

世界初「ブルーチーズドリーマー」の誕生

このように熟成を考慮して万全の状態でチーズを熟成できたとしても世界のチーズには追いつくのがやっと。ヨーロッパのチーズを追い抜くことはなかなかできないのが現実でした。フランスでの修行で納得のいく製法を確立しても、残念ながらチーズが好きな人の「いやいや所詮日本のチーズはヨーロッパには敵わないでしょ」というイメージを崩すことができなかったのです。

考えてみれば、本場がやっていることをそのままできるようになっただけのことですから当たり前といえば当たり前です。同じことをやっていては並ぶことはできても追い抜くことはできません。このままでは目標である世界一のチーズには届かない。自分にしかできない熟成の必要性を感じつつ、僕の生まれ育ったこの土地でしかできないものは何かと考えていました。

思い出したのは、そう、フランスのリヨンで知ったチーズ熟成士の仕事です。

モンスがやっていた様々な素材でさらに味を高めていくアレンジ熟成を自分のチーズでやってみよう。どうせやるならヨーロッパでもできない、世界初のことをやってやろう！ という野望のもと、まずはひとりで作戦会議です。世界中の熟成士を調べていくとほぼ全ての熟成士は分業制でチーズの生産はやっていないこと、1種類のチーズに特化して熟成しているところがないことがわかってきました。

つまり牧場で牛を飼い、そのミルクでブルーチーズ1種類だけをつくり、独自の熟成をかけて販売までしているのは世界でひとりもいないことがわかったのです。というわけで僕は世界唯一の酪農家、ブルーチーズ職人、熟成士を兼任する「ブルーチーズドリーマー」となる決意をしました。これだけは誰にも負けないというオンリーワンを極める道を選びました。

またもや世界初酒粕ブルーチーズの誕生

早速いろんな素材でチーズを熟成してみました。地元のはちみつ、希少性の高いカカオ、江丹別の特産である蕎麦ですが「これだ！」というモノにはなかなか仕上がることはありませんでした。試食してみるとどれも確かに美味しい。

ですが何か感動するような、想像を超えるような味にはなっていなかったのです。足し算的な美味しさではなく、掛け算の驚きをつくる必要があるなと感じました。そうでなければ世界一には届かないのです。

そんな時、友人の仕事の付き合いで旭川にある老舗酒蔵、高砂酒造に遊びに行きました。その友人は美容師をやりながら地元の食材やその副産物を利用して美容品をつくる会社を経営しており、その酒蔵の酒粕を使って石鹸を新しくつくったのでそれを納品しに行くというのです。彼もまた地域から夢を叶えようと頑張っている同志でして、夜な夜な集まり、お互いの夢や仕事を語り合っています。そこに集まるメンバーの業種は様々でお菓子屋、呉服店の跡取り、Webデザインなどなど。仕事も考え方も多種多様で一見まとまりがないようですが、時々想像もしていなかった化学反応が生まれるのです。僕と彼の化学反応の成果には、うちの牧場の牛乳を使った石けんがあります。美容と酪農という一見全く異なる業種の人間が出会ったことで生まれた商品です。そんな盟友のひとりが仕事を終えるのを待っている時、売店でたまたま目に飛び込んできたのが、酒粕でした。

「あれ、これって日本独自の発酵副産物だよな。これでチーズを熟成させられないだろうか」と、急に思いついた僕は酒蔵の人に相談してみました。「すみません、ここの酒粕を使ってブルーチーズを熟成してみたいのですが少し分けてもらえないでしょうか」すると「ぜひ試してほしい。うちも酒粕の有効活用を探していたんです」とのお返事が。酒蔵では、日本酒をつくる際に出てくる酒粕を使い切ることができず困っていたのです。ということでひとつ酒粕をいただき試してみることにしました。どうやってやるかもわからないですが、ひとまずでき上がり間近のチーズを酒粕で覆い、4度ほどの低温の熟成庫でしばらく寝かせてみました。

1ヶ月が過ぎて、試しに食べてみました。

第一声は「う、うますぎる！」。酒粕の甘い香りと日本酒独特の吟醸香、青カビの風味が見事にハーモニーを奏でます。チーズ全体も滑らかな舌触りに変わり、今まで食べたことのない極上の味になっていました。試作どころか、いきなり素晴らしい商品ができてしまいました。それも予想をはるかに上回る結果です。普通こういうものは試行錯誤を重ね、苦労の末にようやくでき上がるのがセオリーですが一瞬にして完成してしまったので、試作にまつわるエピソードが寂しいくらいに何もありません。映画にしたら5分とかからずに終わってしまうでしょう。しかし、このチーズなら世界のどこに出しても恥ずかしくない！ そう確信できる味でした。酒粕は日本独自の日本酒の副産物ですし、ブルーチーズはヨーロッパの文化、これを融合できるのはこの日本にいる自分だけなのです。これこそが究極のオンリーワン。初めて酒粕に出会ってからわずか4ヶ月後には商品化にこぎつけていました。

運命的に出会った2つの「キワモノ」はスピード結婚を決めたのです。

商品名は「旭川」。

ヨーロッパが長い歴史の中でそうしてきたように、土地の名前をそのままつけるという手法を使い、食べた瞬間にこの名前しかないと決めました。パッケージには筆字で力強く旭川、と書いてあります。なんの商品かわからないのではないかという周りからの指摘は受けましたが、「なんの商品かは商品自体が説明してくれるのでこれでいきたいのです。よろしくお願いします」と自分の哲学を通しました。自分の中にはこれこそが地元の旭川を表現するチーズで、世界一の資格のあるものだという確信がありました。

違う業界との化学反応

ひとつの仕事を始めると同じ業種や近しいコミュニティに顔を出すようになり、その中でどうやったらうまく馴染めるかばかり考える人が多いのは悲劇的なことです。

ＳＮＳなどのおかげで、コミュニティはつくりやすくなりましたが、その反面、その中で安住して知らない世界に飛び出す必要がなくなってしまいました。仕事のジャンルが近い人とだけいると、残念ながら視野が拡がりません。どうしてもひとつの次元から抜け出すことができないのです。しかも、ひとつの業界のコミュニティはせいぜい数百人、多くても数千人です。それだけの数の人とコミュニケーションを取るのはすごいことですが、冷静に考えれば小さな小さな村のようなものです。日本だけで一億人以上いるわけですし、世界に目を向ければ70億人です。いつの間にかその小さな輪の中で安住し、ふんぞり返るようになると成長することはできなくなります。「井の中の蛙」です。

常に違う業界とコミュニケーションを取り続けるには、自分のやっていることに興味のない人をどれだけ引き込めるかが重要です。興味のない人を自分のファンにするには常に工夫しなければいけません。成長を強いられます。しかし、そこで出会いの化学反応を楽しむことができます。なぜなら遠い世界の人たちとの接触ほど、世界初のアイディアが生まれやすいからです。点と点を線でつなぐ時はできるだけ点同士が離れていた方が長い直線がひけるのと同じ理屈です。人が感動するのは予定調和のゴールよりも、ひらめきのようなアイデアです。自分の知らない世界にどんどん飛び込んでいくことは間違いなく大変なことですが、その挑戦の数だけ楽しいことが待っています。自分の中に異物を取り込み全力で消化してみましょう。

酒粕ブルーチーズ「旭川」

これぞという商品を完成させたとはいえ不安は残ります。チーズ文化のない地元で、こんな変わりダネが果たして受け入れてもらえるのか。せっかくの世界一のチーズも、一度も食べてもらえずに敬遠されるようでは意味がありません。ただでさえ臭いイメージのあるブルーチーズと独特の癖のある風味の酒粕、それが合わせた商品をどうやってたくさんの人に知ってもらえばいいのか。頭を悩ませるかと思いきや、この不安はすぐに払拭されることになります。

販売開始直後、各メディアが一斉にこのチーズを取り上げてくれたのです。今まで誰も挑戦したことのない取り組みに注目が集まったのです。「納得のいくブルーチーズをつくるために1年間フランスに修行に行った変わり者が帰ってきたら、酒粕のブルーチーズをつくり始めた」のだと。昔から「犬が人をかんでもニュースにはならないが、人が犬をかんだらニュースになる」というメディアにまつわる言葉があるように、変わったことをしていた僕は犬を噛むような変人だからこそ興味を持ってもらえたということになります。人と違うということは素晴らしいことです。これにより一気に認知が広まり、この世界初の酒粕ブルーチーズは飛躍を遂げます。

・2018年旭川ものづくり 大賞受賞
・北のハイグレード食品2018 認定
・北海道新製品開発大賞食品部門 大賞
・旭川ふるさと納税2018年 ランキング第1位

北海道で開催された食にまつわるコンテストを次々に総なめにしていきました。食べた人みんながその美味しさに驚嘆するのです。

「今までにこんなチーズを食べたことない！」と。

一度食べた人たちがＳＮＳで発信し、また新しい感動を呼び寄せるという連鎖が続きました。販売を開始してからわずか数ヶ月で、通常の江丹別の青いチーズを上回る売り上げを誇る看板商品となったのです。

江丹別の青いチーズワールドツアー

たくさんの人から絶賛されるごとに、このチーズで世界と勝負したいという気持ちが湧き上がってきました。どんなに小さい規模でもいいから、このチーズを本場のヨーロッパの人たちに食べてもらえないだろうか。思いついたのが２０１７年11月。酒粕ブルーチーズ「旭川」をヨーロッパに持っていき、街行く人に食べてもらうという「江丹別の青いチーズワールドツアー」なるものを敢行しました。

着物を着て、その街で一番人が集まるところに行き、道ゆく人に声をかけ酒粕ブルーチーズを食べてもらうという企画です。最初に選んだのはベルギーのブリュッセル、観光名所のグランプラスにて開催しました。始める前は誰も近づいてくれなかったらどうしようかと思いましたが、いざスタートしてみるとこちらから声をかけるまでもなく現地の人が面白がってすぐに人だかりになりました。着物を着ていたおかげで何かのコスプレだと思ってもらえたらしく、日本好きな人たちが集まってきたのです。普段チーズはそんなに食べないという若者やイスラム系の美女、イスラエルから観光で来ていたやんちゃそうな男性グループなど、たくさんの人たちに振る舞うと口々にこれはうまい！と声が上がりました。

次に向かったのはフランスのボジョレー。日本ではボジョレーヌーボーでおなじみの一大ワイン生産地です。ベルギーから車で600キロ以上、一日中レンタカーを走らせて向かいました。なぜそんな離れたところまで行ったのかというと、ちょうどその時ボジョレーヌーボーのお祭りが開催されていたのです。

そこに乱入してワイン関係者や参加者にチーズを食べてもらおうというわけです。会場に着き、イベント関係者に事情を説明すると、すでに酔っていたせいもありますが快く快諾してくれました。すぐに司会者がマイクで「さあみんな、スペシャルゲストだ！日本からチーズをつくって持ってきた奴らがいるぞ。ぜひ食べてやってくれ！」というアナウンスを響かせてくれました。するとワイングラス片手に祭り中の人たちがどっと押し寄せてきまして、結果的に当日で一番客さんを集めるメインイベントとして大反響になりました。みんな口々に「こんな美味しいチーズ食べたことない」「この味は新しいね、ワインともよく合うよ！」と絶賛です。ボジョレーのワイン関係者も「どこでこのチーズは買えるんだ？」とか「今度日本に行った時にぜひコラボしてほしい」と次々に名刺を渡してくるほどです。

この様子はユーチューブにも上がっているので、もし見つけたらご覧になってみてください。このワールドツアーによって、日本で、江丹別でつくったチーズでも世界で充分に戦える、それを証明することができました。

オンリーワンは無限につくれる

僕がものづくりをする上で大事にしていることがあります。

それは、やる以上はナンバーワンかオンリーワンになるということ。それ以外は価値がないと思っています。なぜなら自分のつくっているものよりも優れたものがあるなら選んでもらえるチャンスなどないからです。

一瞬で世界中の商品やサービスを比較できてしまう現代で、何かの劣化版は売り込みようがないんです。考えてみてください。たとえば、同じテーブルにブルーチーズが2種類並んでいます。2つは価格条件は全く同じですが、味はAはとても美味しく、Bは普通。どちらを買いますか？　当たり前の話ですがBを買う人はいません。物好きな人か奇特な人だけです。昔は情報も流通も完成していなかったので、ある程度ごまかせましたが今はそうはいきません。同じ条件でどちらが優れているか誰しもすぐに判別できてしまうのです。となればそのまま工夫をしなければ最後に行きつくのは価格競争。この「札束での殴り合い」に勝ち残れるのはナンバーワンだけです。

しかし、この戦いを避けても成功する方法があります。ナンバーワンは文字通りひとつしか存在することができませんが、オンリーワンはアイデア次第で無限に増やすことができます。誰もいない戦場では敵がいないので文字通り無敵です。まだ誰も挑戦したことのない取り組みに積極的になるには、変化を恐れないこと。一度うまくいった方法ができるとそれに固執し、新しい手法を試すことができなくなることが多いですが、もしそのまま変わらなければいずれ同じやり方で参戦してくる後陣にあっという間に抜き去られてしまいます。後から真似をする方が楽でスピードが早いのです。

順調に進んでいる時ほど、未知のエッセンスを取り入れていくことで事業が活性化し、消費者もワクワクしながら応援してくれるようになります。フランスから戻ってきて納得のできるブルーチーズができた時、それをただひたすら売っていればしばらく事業はうまく回ったはずです。しかし、近いうちに日本のチーズのレベルが上がり同等の品質のブルーチーズが現れれば、世界一どころか目の前の商売も危うくなることでしょう。同じブルーチーズでも、酒粕やワインで熟成すれば世界にひとつのオンリーワンになります。ただしこのオンリーワンという言葉は非常に曲者で、他にはないユニークな商品だと思っていても冷静に見れば同等か、それ以下の商品がほとんどです。それを見て見ぬ振りをするのは妥協以外の何物でもありません。ナンバーワンを取るのと同じくらいのエネルギーとアイデアと根気が必要です。

本当にオンリーワンを知るためには、自分がやろうとしている分野で、世界にどんなものがあるのかを全て知る必要があります。自分の存在価値は最初から与えてはもらえません。自らの手でつくりにいくものです。

第三章

ANA物語。

ＡＮＡ物語

こうして無事にフランスの修行を終え、納得のいくチーズをつくれるようになった時、ある奇跡が起こりました。話はフランスに修行に行くための飛行機の中でのある出来事に遡ります。

２０１５年５月12日、僕が乗ったＡＮＡの飛行機はフランスのシャルルドゴール空港に向けて順調に飛行を続けていました。日本からフランスまで約11時間、途中で退屈になり飲み物が置かれているところまで散歩がてら歩いていきました。乗務員の方が忙しそうにその周りで仕事をされていました。

僕が飲み物を取ろうとした時、乗務員のひとりが「ご旅行ですか？」と声をかけてきました。「いえ、実はチーズの勉強に行くんです。ブルーチーズの」と答えると、「そうなんですね、私チーズ大好きなんです。フランスに行くとナポレオンっていう珍しいブルーチーズを必ず買うんですよ」。「お詳しいんですね、僕は世界一のチーズがつくりたいんです。美味しいブルーチーズをつくれるようになったら絶対食べてください」いつの間にか自分がどういう状況かも忘れ、夢の話を2、3分してしまいました。仕事中なのに申し訳なかったなと話を切り上げ、席に戻りました。

そしてフランス、パリに到着。いよいよだと席を降りて出て行こうとした瞬間、先ほど話し込んだ乗務員の方が僕に何か手渡してくれました。それは普段、子どもに渡しているであろう飛行機の風船のおもちゃ。そこにびっしりとメッセージが書かれていたのです。「美味しいチーズ楽しみにしています」「お客様のつくるチーズがたくさんの人を笑顔にしますように」と。思わず涙がこぼれ落ちました。

ANAの乗務員の方から貰った寄せ書き

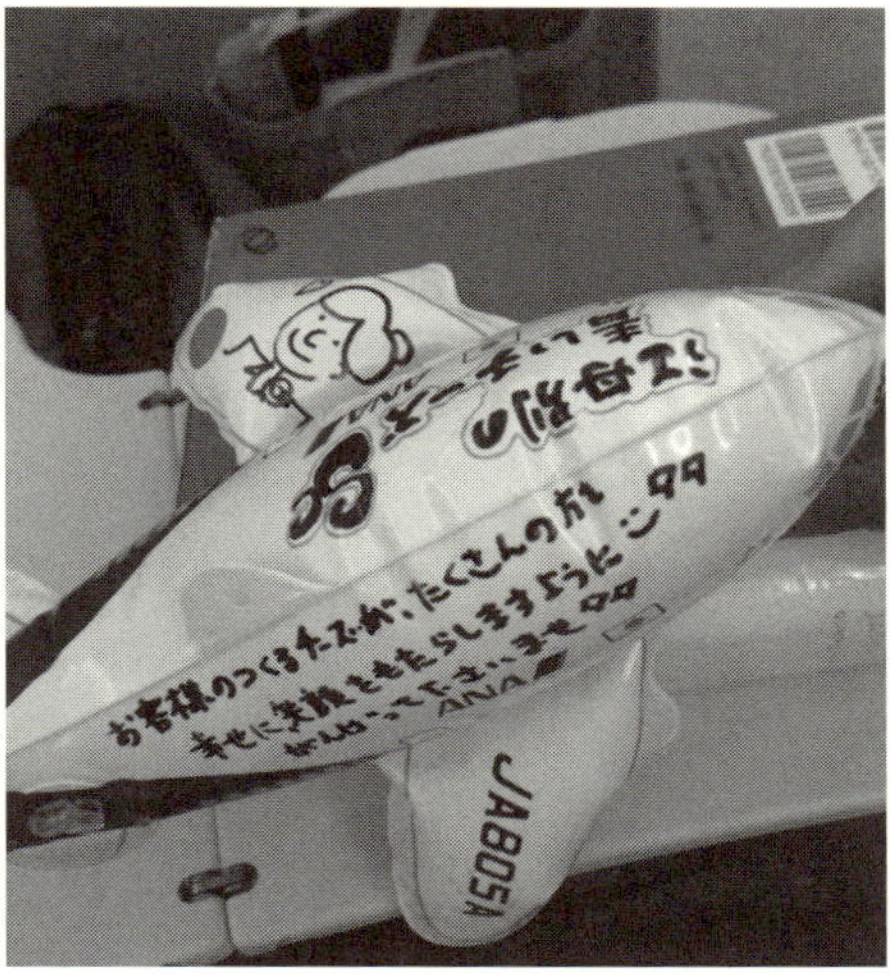

「ありがとうございます、必ず美味しいチーズをつくれるようになりますね」ということを言ったような記憶はありますが、あまりの感動に正確には覚えていません。

僕の乗った席はエコノミークラスでしたが、ファーストクラスの間違いだったのでしょう。全てをつぎ込んでの旅の始まりに人の優しさに触れました。これから先、どんな困難が待っていても絶対に乗り越える。そう誓って、メッセージ入りのおもちゃを大事にトランクの中にしまいました。そして半べそ状態でシャルルドゴール空港を小走りに、目的地オーベルニュへと向かったのでした。

修行の最中、辛いことがあるたびにこのおもちゃを取り出して眺めては、やる気を復活させていました。そして無事フランスで修行が終わり、納得できるチーズがつくれるようになった時、フェイスブックにこんな投稿をしました。

以下、フェイスブックから引用

……………………………………………………………………………………………………

２０１７年９月27日

忘れもしない２０１５年５月12日、全く製造が上手くいかなくなって、つくっていたチーズを全部廃棄して、全部リセットしてイチからチーズを勉強し直そうと乗った飛行機でのこと。長いフライトで足が疲れて（当然エコノミーですので）定期的にフラフラ歩いていました。喉が渇いたのでドリンクがあるところに行って飲み物を飲んでいると仕事がひと段落した乗務員の方がやってきました。

「ご旅行ですか？」

「いえ、チーズの勉強に。美味しいブルーチーズをつくりたくて」

そんなところから会話が始まり気づいたら自分の夢を長い間喋ってしまっていました。

仕事中なのに失礼だったなと思いました。そして飛行機がフランスに到着してドアが空き、降りようとした時にこの写真の飛行機をその時の乗務員さんのひとりが手渡してくれました。

「頑張ってくださいね！」

それ泣くやつです。シャルルドゴールで飛行機のおもちゃ持って半ベソで歩いてたのは僕です。それからもう2年以上経ちましたが、この時の嬉しさは忘れることができません。

2015年5月12日 NH205便 成田発ーシャルルドゴール行き、もしこの飛行機の乗務員をしていた方がいましたらぜひご連絡ください。

あの時言った「世界一」はまだまだですが。ぜひチーズを食べて欲しいです。これから、たくさんの方に幸せと笑顔をもたらせるように頑張ります。酒粕に、もうすぐワインの熟成もできますよ。そして飛行機に乗る時は、なるべくANAに乗ります。

ひょっとしたらあの時の乗務員さんが見てくれるかも知れない。自分がやっとつくれるようになったチーズを食べてもらえたらどんなに嬉しいだろう。そう思って投稿しました。するとこの書き込みは瞬く間に拡散し、〃いいね！〃は1200件以上、〃シェア〃も100件を越す事態になりました。

投稿をした次の日、見知らぬ男性からメッセージが届きました。

「昨日の投稿感動しました。ANAのパイロットを勤めている者です。社に連絡して乗務員を探しますので少々お待ちください」なんということでしょう。僕のひとつの投稿がANA中を巻き込んだ大騒動に発展しました。1週間ほど経った時、またその男性から連絡が来ました。「乗務員が見つかりました。近いうちに伊勢さんに会わせることができたらと、社内で話をしています」

そして、それからすぐにまたひとつのメッセージが届きました。

「実は、例の件とは別に伊勢さんがつくっているチーズのことでうちのシェフが打ち合わせをしたいと言っています。東京に来ていただくことは可能でしょうか？」とのことで、羽田空港内にあるＡＮＡの会議室に招かれました。会議室にはたくさんの人がずらりと並び、僕を出迎えてくれました。ＡＮＡの皆様の向かいにポツンと僕が座り、なんだか入社試験のような状態で話が始まりました。

チーズをつくり始めた経緯とか、フランスに行った理由とか、正直、割と表面的なことばかり聞いてくるな、何か変だなと感じていました。そもそも一体なんの打ち合わせなのかよく聞かされないままやってきたので狐につままれたような感覚でした。ひとしきり話が済んだところで、ひとりの方が「ではそろそろいいでしょうかね」というと、突然華やかな音楽が部屋中になり始めました。パレードでかかるような、なんとも賑やかでその場の雰囲気には全く馴染まない音楽です。これは一体なにかと思い混乱していると、部屋の隅の扉から突然数人が飛び出してきました。

そう、２年前に僕に飛行機のおもちゃに寄せ書きをしてくれた乗務員のお２人です。あの時と同じ笑顔で僕に駆け寄ってくれました。今回は手書きのメッセージ入りのおもちゃではなく手づくりのポップを持っていました。そこには「伊勢ファーム」や「江丹別」など、この日のためにネットでチーズや牧場のことを調べてつくってくれたそうです。かろうじてこらえましたが、完全に泣かせにきてます。これがＡＮＡのやり方か！

その後みんなでチーズを囲み、２年前の話で盛り上がりました。あの時の心境や、なぜチーズの話になったかなど。本当に素晴らしい時間でした。こんなことってあるんですね。そしてひとしきり食べ終わった後、シェフが口を開きました。

「このチーズは本当に美味しい。今まで国産のチーズで美味しいと思ったことはなかった。うちのファーストクラスで使わせてもらえないだろうか」そんなことを言ってもらえるなんて夢にも思わなかった、と言ったら絶対に「嘘だ、絶対に期待していただろう」と言われるかと思います。確かに全く期待していなかったわけではありませんが、可能性はあまり高くないと思っていました。これは業界あるあるなんですが、「競合他社が使った商品は使わない」という暗黙のルールがあるんです。

数年前にＪＡＬのファーストクラスで採用されているのは、ＡＮＡも把握していることでしたから、提供する商品が被るため採用されないだろうと思っていました。しかし、こちらとしては使っていただけるのはまたとないチャンス、喜んで快諾しました。すると予想通りの一言が。

「確か以前、ＪＡＬさんでも使っていましたよね？　もう現在は絶対に向こうにはチーズ搭載してないですよね？」やはり気になっていたようです。使っていただいていたのは数年も前ですし、生産量の関係でこれからも予定は全くないですとお伝えするとほっと胸をなで下ろして「よかった！　これで話を進められます」とのことでした。

10秒で心をつかめるか

今回の件は僕も非常に幸運が重なった結果であると思っています。しかし飛行機の中、忙しく仕事をする乗務員との一瞬の会話で、少しでも応援したいと思っていただくことができたのは、その時の僕が真剣だったからではないかと思います。

エレベータートークという言葉をご存知ですか？　同じエレベーターに乗り合わせた際に話せる程度のごく短い時間の中で、自分の言いたいことを相手にわかりやすく簡潔に伝える会話術のことをいいます。もともとは、起業家が集まるアメリカ・シリコンバレー発祥のビジネス文化で盛んに言われていたビジネスの基本です。今回はエレベータートークならぬエアプレイントークでした。とにかく一生懸命自分がやりたいことを話したな、という記憶だけです。

人の人生は時に一瞬の行動で大きく変わることがあります。人と出会った時、次も会ってみたいとか、応援したいなどと思ってもらえるかどうかで、全く逆の結果が生まれたりします。その瞬間がいつ訪れるかはわかりません。しかし、それがいつ訪れてもいいように常に自分の夢を全力で追いかけ、その夢を人に伝えられるようにする努力をしてくことが大事だと教えられた出来事でした。

というわけで、こんな奇跡的な出来事で江丹別の青いチーズが、ＡＮＡ国際線ファーストクラスの機内食に採用されることになったのです。国産チーズでは史上初。今まではヨーロッパのチーズに比べ、レベルが低すぎるという理由で一切国産チーズには見向きもしなかったそうです。本当に光栄でしたし、チーズという狭い世界ではありますが世界の壁を一枚崩してやったという達成感で胸がいっぱいになりました。これで数年前のＪＡＬと合わせて日本の二大航空会社のファーストクラス機内食に採用されることとなりまして、国産食材全体を通して初めての快挙となりました。

何も無いと思い込んでいた江丹別でつくったチーズが、世界中を飛び回り、たくさんの人たちに食べられているという実績は、これまで自分のやってきたことが間違っていなかったのだという確信を与えてくれました。多くの方がフェイスブックなどで飛行機の中で食べたよ、美味しかったよ！と連絡をくれました。そのうち何人かは個人的にも交流が生まれ、連絡を取り合う仲になりました。自分自身のために始めたチーズづくりがいろんな人を巻き込んで感動が生まれていく。本当に仕事をするって素晴らしい、少しでも美味しいチーズをつくろうという気持ちが純粋に湧いてきました。世の中は非常にシンプルにできているのだと実感しました。

一番大事なのは人である

人と人の繋がりが思いもよらない化学反応を生み、ものづくりにも良い影響を与えるということを体感したわけですが、一般的には、ものづくりをする上で一番難しく後回しになりがちなのが、人の魅力づくりです。

売るのはあくまで商品なのだから人は関係ない、つくった人間が前に出て行くのは図々しいし、一流ではないという考えは完全に時代遅れです。消費者は商品がどういうものか、ということと同じかそれ以上に誰がつくったのかを気にしています。それは商品と引き換えに渡したお金がそれからどうなっていくのかを気にする時代になったからです。商品を売ったお金でどんなビジョンを拡げていくのか、生産者は消費者にはっきりと示す必要があります。それを無視してものづくりだけをしていれば良いというのは、妥協と怠慢です。かといって無いものをとってつけたり、大げさなストーリーで着飾るということではありません。自分のものづくりに対する思いやこれからの夢、今取り組んでいることなどを簡潔にわかりやすく伝えることです。ストーリーをつくるのではなく整理するというイメージです。自分の中でビジョンを整理しアウトプットできるようになることで、消費者は「この人の商品を買えばもっと面白い未来がやってくる」と感じてくれるのです。そうなると消費者はファンになってくれます。単なる購入者ではなく応援団に近い存在です。ファンは常に生産者の発信する情報に耳を傾け、新しい商品を開発してもすぐに認知してくれるのでスムーズに広めることができます。

また課題を感じた時には影で批判することなく、面と向かって改善を提案してくれます。彼らは本気で生産者の提示した未来を信じているからです。自分のファンクラブをつくりましょう。見た目や肩書きを工夫するのもひとつの手段です。

僕が着ている特注の青カビパーカーや肩書きの「ブルーチーズドリーマー」は初めて

会った人にも、自分がどういう人間かわかりやすくするために役立っています。夢を実現するために最も必要な存在であるファンをひとりでも多くつくらなければなりません。商品の品質向上と同じくらい自分の魅力づくりにも励みましょう。

1円でも高く売る

僕はつくったブルーチーズを、どうやったら1円でも高く売れるか考えています。1円でも高く買ってくれる人が良いお客様だと思っています。どんなに強欲で意地汚い人間かと思う人もいるかもしれませんが、とても大事なことです。

商品をつくった時に必ず生産者の頭を悩ませるのが値決めです。

つくったのは自分だから当然好きな値段をつけることができます。ところが安過ぎれば経営が成り立たないし高すぎれば買ってもらえないのでやっぱり経営が成り立ちません。どうしようかと悩んだ挙句、原価3割という商売の基本に忠実な値決めをする人がほとんどだと思います。しかし果たしてそれがベストな選択なのでしょうか。販売する側は当然少しでも高く売れる方が嬉しいし、買う側は少しでも安い方が嬉しいという絶対的な心理があります。つまりベストな値決めとは「買う側が安いと思うギリギリの高さの値段」ということになります。

消費者が何を基準に商品の値段が高いか低いか判断しているかというと、まずは競合商品の値段との比較。全く同じ商品があれば必ず安い方を手に取ります。しかしこの基準だけ考えてしまうとできるだけ安くしよう！ということになってしまい、終わりのない安売り競争の渦に巻き込まれてしまいます。安売りで生き残れるのは一番多く生産できるところだけです。その他はすぐに淘汰されることになります。ではどうしたら値段を下げなくても消費者に安いと思ってもらえるか。それは商品に魅力を付け足していくこと。引き算ではなく足し算、掛け算です。

物理的な魅力の付け加えとして、通常つくっているのは「江丹別の青いチーズ」というブルーチーズですが、他にアレンジ商品の酒粕で熟成した「旭川」、羆《ヒグマ》の晩酌というワインとその絞りかすで熟成させた「ふらのワイン熟成」という商品があります。これはいずれもうちのオリジナル商品で類似しているものが存在しません。それぞれ通常の2倍から3倍の値段で販売していますが、売り上げは右肩上がりで生産が追いついていません。どちらも地域の特産品の副産物を使っているので、コストはほぼ変わりませんが、売り上げは上がります。

心理的な魅力の付け加え方もあります

商品が生まれたストーリーやどういう思いでつくっているか。

似たような他の商品とは何が違うのか。

そしてその商品はどういった人に使って欲しいもので、使った人がどうなっていくのか、最終的にはそれを使うことによって地域、社会がどうなっていくのかを想像させる魅力です。これらを整理して積み上げていくと、いくら値段が高くても欲しい、というファンをつくることができます。ファンができると継続的に買い物をしてくれるだけでなく、口コミでいろんな人に商品を宣伝してくれるようになります。営業マンが増えたのと同じです。この営業マンには給料を払う必要はありません。個人が始めるものづくりは資金もギリギリですし、人材も最小人数なことがほとんどです。つくるのに精一杯でなかなか営業にまで人材を当てられないでしょうから、こうした存在は本当に貴重です。

ちょっとしたことで資金が回らないようなギリギリの経営をしていたのでは少しつまづいただけであっという間に潰れてしまいます。僕の場合、チーズがうまくつくれなくなってほとんどを廃棄していた時はそれまでの利益で何とか耐えることができました。もしギリギリの経営をしていて余裕がなければ、あの時に潰れていたでしょう。今もまだチーズをつくり続けられるのは、できるだけ高く売ろうと努力していたからです。人を雇う場合も一日中働いて最低賃金ももらえないような状態では、モチベーションも続かないし、働き手は永遠にやってきません。

プロとして仕事にする以上、少しでも商品を高く売ろうというのは決して強欲なのではありません。むしろお金を取ることはよくない事と決めつけて、自分の仕事を安売りしてしまっている人こそお金に振り回される奴隷になっているのではないでしょうか。

江丹別を愛して

江丹別でチーズをつくっていて、ありがたいと思うことがあります。それは地元の人たちがみんな応援してくれることです。僕がテレビに出るたびに「見たぞ、頑張ってるな」「江丹別がテレビに写ってるのをみたら嬉しくなったわ」「なんか困ってることがあったら言えよ」と声をかけてくれる人たち。忙しくて時間がないだろうからと冬の間、家の周りの除雪を手伝ってくれる人。応援の形は様々ですが、みんな僕がつくったチーズが世界で受け入れられて広まっていくのを楽しみにしてくれていま す。まさに「江丹別の青いチーズ応援団」です。チーズに江丹別という地名がついているこ とで、チーズと土地がリンクし始めたのです。

若い世代はほぼ地元を離れてしまい、残っている人たちも高齢化が深刻です。年間の地域イベントも労働力が足りずどんどん減っていき、集まる機会がなくなるたびに、みんなが語り合う時間もなくなっていきます。この悪循環が今まで限界集落を苦しめてきました。僕が小さい頃は小中9学年で25人ほどだった児童生徒は数人ほどになり、誰もが自分たちの故郷にネガティブなイメージを抱いていました。

しかし住んでいる人たちは決して地域を愛していないわけでも、自分たちのことしか考えていないわけでもないのです。地域を元気づけるきっかけをずっと探していたのです。僕自身のためにつくり始めたチーズづくりが、いつの間にか周りの人たちの夢になっていました。チーズの評価が上がることで、みんなが江丹別の明るい未来を共有できるようになってきました。もちろん応援してくれるのは僕のやってきたチーズづくりだけが理由ではありません。両親が何十年もかけてつくってきた牧場で、兄と一緒に牛を飼い、チーズという商品を、人生をかけて一生懸命売ろうとしていたのを地元の人たちはちゃんと見てくれていたのです。地域でものづくりをしたいなら周りの悪口を言っている暇はありません。ものづくりや新しい取り組みを始めた人たちの何人かにひとりからこんな愚痴を聞いたことがあります。

それはこんな内容です。

①地域の人たちの頭が固くて、全く協力してくれない
②新しい取り組みをしても地域の既得権益に潰される

大体この2つに大別されることをおっしゃる人が非常に多いと感じております。これに関して解決してみたいと思います。

まずは新しく事業を立ち上げた人たちに対して、地元の人たちが協力的でないという問題から。実は僕のような新し物好きでいろんな人と交流するのが好きな人間の目から見ても、正直これらの愚痴を言う人たちの取り組みに魅力を感じることは少ないです。どうしてだろうかと整理してみると、大体このようなことが原因になっているのです。

《1》やろうとしていることがそもそも本当に面白くない
《2》やろうとしている事は面白いけどそれをやり遂げるだけの覚悟がなさそう
《3》「これは○○のためなんです！」のような聞こえの良い言葉だけ言って本人が何をやりたいのか全く頭に入ってこない
《4》説明の仕方がわかりづらくてやりたいことが伝わってこない

ちょっと厳しいと思いますか？

しかし自分がやりたいことを他人にも共有してもらうというのは並大抵のことではありません。なぜなら、それをやりたいのはあくまで自分自身だからです。世のため人のためにやるんだからみんな協力してくれて当たり前だ！と心のどこかで思っていると協力的でない周りの人間がとても憎たらしくなってきます。こんな素晴らしいことに協力しないあいつは悪いやつだ！と。もしかしたら自分を正義のヒーローだと思っているのかもしれません。

しかし落ち着いて考えてみれば、どんな人も多かれ少なかれ世のため人のために働いています。それが仕事というものです。正義のヒーローは自分だけではないのですね。ではどうしたら自分のやりたいことを他人に理解して共有してもらえるか。解決するのに必要なものを逆説であげてみましょう。

《1》本当に他の人から見ても魅力的なものであるかよく検討する

《2》それをやり遂げるだけの覚悟を持っているという結果や証拠を示す

《3》自分はなにをしたいのか、はっきり提示する
《4》人に伝える練習をたくさんする

ということになります。

それを実現させることで具体的にどのような未来を相手に提供できるのか、想像させなければいけません。そして自分が何をしたいかがわかれば、相手もどの部分を助ければいいかわかります。協力してくれないことの原因はほとんどが、伝えるための準備不足ということです。やりたいことがうまくできないのは周りではなく自分のせいだと言えますね。自分が考えていることがどうしたら他人に伝わるか。じっくり考えてみてください。他人から見て、これからやることが魅力的でかつ利益になることを示せれば協力者が必ず現れます。もし仮にそれができなかったとしても、ひとりでやり切ることも不可能ではないはず。ひとりでやり続けましょう。もしかしたら、ひとりで黙々と頑張る姿を見て応援してくれる人が現れるかもしれません。

次に、地域の既得権益に潰されるという問題です。思い当たることがあった場合、ま

ずは本当に「潰される」というような具体的な嫌がらせを受けているかを思い出してみてください。影で悪口を言われている程度のことでしたら実害は全くないので気にしなくても大丈夫です。そして法的に問題のあるようなことをされた場合は迷わず警察に行ってください。「あいつがうまくいくのは都合が悪いから邪魔してやろう」というようなナワバリ争いで起こる嫌がらせの場合、他とテリトリーが被ってる時点で面白くも新しくもないので、そういった勢力と関わったりどうにかしようとするより、どうやったら既存勢力と被らないユニークなビジネスになるかを考えた方がスマートです。本当のオンリーワンは競争相手がいないので、誰かの商売の邪魔になることはありません。まさにブルーオーシャンです。

かつて僕も自分の人生がうまくいかないことを環境のせいにしていました。

自分の人生がうまくいかないのは、田舎に生まれたせい、家が貧乏な農家なせい、親が何かの才能を持たせて産んでくれなかったせい、自分の人生を他人のせいにして生きることほど虚しいものはありません。逆にそのことに気づき、持っているカードを使って必要なものを準備できるようになれば、ほとんどのことがやれるようになります。自分に対してはもちろんですが、他人に対しても準備をしっかりしましょう。

こういった考えにチーズをつくることを通して気がつけたので、少しでも誰かの参考になればと思います。

ブルーチーズ
豆知識

ブルーチーズについての
疑問や豆知識を少しご紹介します。

ブルーチーズの定義と起源

ブルーチーズの定義はズバリ、青カビで熟成したチーズのことです。チーズの内部の隙間に大理石状に青カビが生えることで、チーズ全体の風味が変わります。カマンベールなどの白カビは酸素が大好きなので表面に生えますが、青カビは酸素が少ないところが好きなのでこのようにチーズの中に生えるんです。長い歴史のあるフランスでも最古のチーズとしてブルーチーズが登場します。起源は2000年前のローマ時代。書物の中にブルーチーズの記述があるそうです。

フランスのロックフォールという村の羊飼いの青年が洞窟で休憩中に昼食を食べようとした。そうすると、洞窟の前を美しい娘が通り過ぎた。青年はひと目で恋に落ち、急いでその娘を追いかけた。数日後、娘と洞窟に行くと、そこには食べようとしていた青カビの生えたパンとチーズが。青年が恐る恐るチーズを口に含んでみると、驚くような美味しさだった。本当かどうかはわかりませんが、素敵なお話ですね。

今ではこのロックフォール村のブルーチーズがフランスでは一番有名なブルーチーズになっていて、その名もずばり「ロックフォール」。やはり村の名前がそのままついています。この逸話をブルーチーズの製造者の立場から申しますと、どの種類のチーズをつくっていてもちょっと気を抜くと青カビは生えてきます。一体どこからやってきた？と聞きたくなるくらいに。ですので低温多湿の洞窟に放置したチーズに青カビが生えたというのは極めて納得のできるエピソードです。逆に青カビが生えて欲しくないチーズをつくる職人の頭を悩ますタネになります。微生物は自然界にはいたるところにいるので、生まれるべくして生まれたのがブルーチーズと言えるでしょう。

ブルーチーズの種類

ヨーロッパを中心に様々な種類があるブルーチーズ、その中でも有名なものをいくつかご紹介してみたいと思います。

フランス／ロックフォール

先述の、ブルーチーズの起源となったチーズで、フランスチーズの代名詞とも言えるチーズです。羊乳でつくられる刺激的な風味と後味が特徴です。起源はとても古く初めてこのチーズが登場したのは2000年前とも言われています。

フランス南部ミディ＝ピレネー地域にあるシュルスールゾン村の地下に広がる洞窟の名前ロックフォール（roquefort）が名前の由来です。羊の乳を無殺菌で使用することなどの条件で現在、パピヨン、ソシエテ、ガブリエルなど約10社がこの名前でチーズをつくることが認められています。洞窟の低温条件（一般的に6〜7度）で熟成されるこのチーズは刺激的な青カビの風味と羊独特の強いミルクの香り、後を引く旨味が特徴です。この洞窟で熟成しないとロックフォールは名乗れません。

1925年、チーズとしては初めてのAOCに認定されました。

AOCとは、Appellation d'Origine Controlee（アペラシオン・ドリジヌ・コントローレ）の略称で、産地の個性を守るための法的な規制のことです。当時、ロックフォールを語った悪質な模造品が後を絶たずフランス全国で問題になったのです。いわゆる産地偽装問題への対策として、国がオリジナルの農産物を守るようになったのです。このAOCにはミルクの生産方法、製造など厳格な決まりがいくつもあり、ひとつでも守れないとロックフォールという名前で販売することができなくなります。

逆に一部の生産者はロックフォールを名乗る資格のある生産地に工房を構えていてもこのルールを守るハードルが高すぎるため、敢えて別の名前でチーズを販売しているところもあるほどです。ほとんどのメーカーは塩が非常にきついため、実際にはフランス人でも苦手な人が多いです。そのまま食べるよりもパンに薄く伸ばしたりサラダに少しだけ入れて、味のアクセントにするような調理法が好まれています。

イタリア／ゴルゴンゾーラ

みなさん、よくゴルゴンゾーラというチーズを聞いたことがありますよね。イタリアンのお店に行くとピザやパスタのメニューの中にあります。ゴルゴンゾーラというのはイタリアのブルーチーズの商品名のことです。ブルーチーズ、というのはチーズの種類のことです。つまり「ブルーチーズ」が「スパークリングワイン」、「ゴルゴンゾーラ」が「シャンパン」です。（シャンパンはシャンパーニュ地方でつくられるスパークリングワインです）ちなみにこのゴルゴンゾーラもイタリア北部の村の名前なんです。「ストラッキーノ・ディ・ゴルゴンゾーラ」という元々の名前があります。その昔、牛を移動させながら草を食べさせていた牛飼いが、移動で疲れた牛をゴルゴンゾーラ村で休ませている時につくったのが始まりとされています。ストラッキーノとは「疲れた」という意味です。

ちなみにこのゴルゴンゾーラ、ドルチェ（甘口）とピカンテ（辛口）の2種類があり、その特徴は大きく違います。

ドルチェ

ブルーチーズの中でも圧倒的な柔らかさをもつドルチェ。ほうっておくとどんどん流れ出てくるくらいのクリーム状です。流れ出る組織に白や灰色に近いうっすらとした青色のカビが、チーズ内部のところどころに入っています。チーズを熟成するときも形が崩れるくらいなので、さらしを巻いて形を保持します。パスタソースにも簡単に馴染みますし、そのままディップにして野菜スティックで食べても美味しいです。最近のイタリア人の若者に人気で、食べやすさに定評があります。パスタソースなどのソースにお使いの場合はこちらがオススメです。

ピカンテ

ドルチェとは違い、全体に青カビがまんべんなく入っています。青カビの色もドルチェとは異なりはっきりとした青色をしています。見た目ほど刺激は強くなく濃厚な甘さが特徴です。昔からイタリアに住む人はドルチェよりもこちらを好む傾向が強いそうです。こちらはそのまま食べても、ピザなどに載せて焼いても食べられるオールマイティな使い方をしたい方にオススメです。

イギリス／スティルトン

スティルトン村でつくられたブルーチーズが起源のスティルトン、しかし現在は原産地名称保護制度により、ダービーシャー・レスターシャー・ノッティンガムシャーの3つの州で生産されたものだけが「スティルトン」と名乗ることができます。このため、チーズの名前のもととなったスティルトン村では法律上「スティルトン・チーズ」をつくることはできなくなっています。スティルトン村はケンブリッジシャーに属しているためです。なんとも皮肉な話です。

このスティルトンには厳格な規定があります。

ブルー・スティルトンは以下の基準を満たさなければなりません。

・指定された３州においてつくられたこと。
・原料の牛乳は地元で搾乳されたものに限られ、低温殺菌された生乳を使用すること
・形は伝統的な円筒形であること
・それ自身の外殻あるいは皮を形成すること
・圧縮していないこと
・中心から放射状に出る繊細な青い縞模様を持っていること
・「スティルトンに特有な味の特性」を持っていること

スティルトンの歴史は18世紀に遡ります。英中部ハンティンドンシャーにあるスティルトン村の旅館「ベル・イン」を経営するクーパー・ソーンヒルという人物が、スティルトンの伝道者といわれていて、１７３０年のある日、ソーンヒルはレスターシャーの片田舎にあるメルトン・モーブリー近郊の小さな農場を訪問、地元特産のブルーチーズを発見し、たちまち虜となり「ベル・イン」に泊まる旅人相手にブルーチーズを販売し始めました。ソーンヒルは、このブルーチーズを独占的に販売するための契約を取り付けます。スティルトン村がロンドンと英北部を結ぶ幹線道路グレート・ノース・ロー

ド沿いにあったため、「ベル・イン」のチーズは急速に英国中に普及していき、スティルトン村の美味しいブルーチーズの噂が広がっていきました。その時からこのブルーチーズはスティルトンと呼ばれるようになったといわれています。そして現在、このスティルトンをつくっているのはColston Bassett Dairy（コルストンバセット）、Cropwell Bishop（クロップウェルビショップ）、Hartington Creamery（ハーティントンクリマリー）、Long Clawson Dairy（ロングクローソンデイリー）、Tuxford & Tebbutt Creamery（タクスフォードアンドテバットクリマリー）、Websters（ウェブスター）の6社のみです。

いずれも大規模工場でつくられるチーズになります。イギリスではかつての産業革命の影響で小規模の農場がほとんどありません。料理に使うときはポロポロと細かく砕き、サラダなどにトッピングすると野菜の味が引き出せます。クリスマスの季節になると、このチーズとワインを練りこみポッドの中に入れたものが、贈答用の商品としてお店に並びます。ちなみにこのブルーチーズを寝る前に食べると悪夢を見るという言い伝えがあるそうですが、真偽のほどは定かではありません。

ブルードヴェルニュ

オーベルニュ地方特産のブルーチーズ。僕が修行したチーズです。フランス中央部のオーベルニュ地方が名前の由来で、牛のミルクでつくられる直径20センチ、高さ約10センチの円筒型をしています。これはこのチーズより以前からつくられているロックフォールの型を使用していたからです。フランス全体での生産量は5000tで、1,7000tのロックフォールに次いで2番目の生産量を誇るブルーチーズとなります。（2012年 Les fromages AOP Appellation d'Origine Protégée 資料より）無殺菌を義務付けられているロックフォールとは違い8割近くは殺菌されたミルクを使用しています。これは前述の通り生産の効率化によるものです。起源は比較的新しく、1850年代のチーズ生産者Antoine Rousselがつくったチーズが原型とされています。彼は非常に研究熱心な生産者でブルーチーズの味の向上のために様々な試作を重ね、羊乳製であったロックフォールを牛乳でつくるための製造の基礎を確立させました。熟成期間は最低で4週間、一般的なものは60日ほどから出荷を開始しますが適正に熟成させると4～6ヶ月ほどは味がのるポテンシャルのあるチーズです。このチーズは現在生産地があまり限定されていないため、かなり多くの生産者が同じ名前でチーズを生産販売しています。そのため、生産者によって質がまちまちのため、チーズの品質を一言で語るのが非常に難しいのが現状です。この状況を打破しようと、僕がフランスにいた2015年ほどから生産地を限定的にして、ブランドを守ろうとする動きが盛んになっていました。あえて一言で言うなら「バランスの良いチーズ」です。ミルクの甘みと青カビの香りが両方適度に感じられ、ソースのような料理にも使えて、そのままワインのお供にもしやすい万能型ブルーチーズです。

ブルーチーズの青カビはなぜ食べられるのか

小さい頃教えられましたよね。パンやお餅に青カビが生えたら絶対に食べてはいけないって。腐敗の象徴的存在であるかのように。そんな青カビも、チーズに生えるとなぜか食べれちゃうんです。不思議ですよね。

インターネットで調べると、「ブルーチーズの青カビは無毒のものを使用しているから食べても大丈夫」という記述が蔓延していますが、これはかなり不十分な記述です。まだまだ青カビのことは日本では知られていないようです。ということで、これらについて解説していきます。


まずはじめに衝撃の事実を。

「ブルーチーズの青カビと、パンや餅に生える青カビは全く一緒です」青カビの学名はペニシリウム・ロックフォルティ Penicillium roqueforti と言いましてあくまで1種類しかありません。

もちろん株ごとに性格が違うわけですが、代謝が全く異なるということはありません。こんなことを聞くとますます食べられないんじゃないかと思われるかもしれませんが、ご安心を。青カビが生成する代謝物でパツリンとペニシリン酸というのがあります。ちなみにこれは有名な抗生物質ペニシリンとは似て非なる物質です。この2つは、主に発ガン性などの人体に有害な物質であるとされています。しかしチーズに使用される青カ

ビの株はパツリンの生成が行われません。ペニシリン酸においては一部生成が行われる

ことがありますが、タンパク質食品においては非常に不安定であることがわかっていま

す。30年ほど前の実験でコーンミール粥、チーズ、ソーセージにそれぞれ2つの成分を

添加し経過を観察した実験では、チーズとソーセージで添加後まもなく有毒成分が分解

されていることがわかりました。ほかにロクイホルテイン、PRトキシンなどといった

青カビから生成される有毒物質があります。これらはいずれもタンパク質食品、低温で

の熟成環境やチーズ中のアンモニアの影響により、ほとんど生成されず、少量生成され

ても不安定ですぐに分解されてしまうという実証がなされています。

つまり逆に考えると普通にチーズに生えてる青カビもパンやご飯に移った場合、毒素

を出す可能性が高いということです。「食用の青カビを使っているから食べられる」と

いう説明では誤って有毒なカビを口にしてしまう危険性があるのでみなさん注意してく

ださい。ちなみにカビの代表的な有毒物質であるアフラトキシンは、青カビにおいては

いずれの食品においても検出されることはありません。アスペルギルス属の、ナッツな

どの穀物につくカビが生成する毒素です。

194

ブルーチーズは最強の健康食品

・血管若返り

近年、ブルーチーズの健康への効果がテレビやメディアでも取り上げられるようになりました。ブルーチーズを食べると血管が若返るという研究結果が注目されています。「ＬＴＰ(ラクトトリペプチド)」という、乳たんぱく質が乳酸菌のプロテアーゼという蛋白質分解酵素により分解されてできる成分です。このＬＴＰが血管の硬化を防ぐ作用を持っているということで近年注目を浴びています。動脈の内側にある内皮細胞が刺激を受け傷つくと、内皮細胞の下(血管内膜)に変性したＬＤＬという悪玉コレステロールがたまります。そのＬＤＬを排除しようとして、白血球が内皮細胞に接着し、血管内膜に浸入しＬＤＬを取り込みます。しかし、ＬＤＬを取り込んだ白血球は、血管にたまり続け膨れ上がって動脈を塞ぐ原因になってしまいます。これがプラークと呼ばれるものです。このプラークが破裂すると重篤な心筋梗塞、脳梗塞を引き起こします。

ＬＴＰはこの白血球の接着を適度に抑えることにより、動脈硬化が予防されると考えられています。

血管が硬くなってしまうと血圧が上がる要因になってしまい、不整脈や様々な心臓の病気にかかりやすくなってしまう危険性があります。ブルーチーズを定期的に食べることでこれを予防することができるのです。

脂肪酸も豊富 青カビパワー

青カビには他の菌には無い大きな特徴があります。

それは脂肪分解力がとても高いということ。青カビが持つリパーゼという酵素が乳脂肪を分解し、脂肪酸に変えることでチーズを食べても脂肪が体にたまりづらく、脂肪の栄養素を効率的に吸収できます。チーズ別に見てみるとブルーチーズの脂肪酸量が他の

脂肪酸		エダム	カマンベール	チェダー	ブルー	ロックフォール
酪酸	4:0	16.9	7.6	1.5	3.3	4.0
カプロン酸	6:0	2.2	6.1	0.2	2.2	2.6
カプリル酸	8:0	2.5	3.4	0.6	1.5	3.0
カプリン酸	10:0	3.9	4.7	2.5	3.6	9.5
ラウリン酸	12:0	13.2	6.3	3.7	5.2	5.4
ミリスチン酸	14:0	11.0	13.1	10.3	11.8	13.4
パルミチン酸	16:0	34.3	30.4	28.6	32.4	36.2
ステアリン酸	18:0	16.0[a]	6.4	52.6[a]	40.0[a]	9.4
オレイン酸	18:1	…	22.0	…	…	26.4
kgあたりの総FFA量(mg)		356	4,741	997	35,230	23,837

[a] 18:0、18:1、18:2、18.3を含む　FFA:遊離脂肪酸【Collinsらの報告(2003)から抜粋】

チーズに比べ、異次元レベルなのがよくわかります。(上図参照)リノール酸やオレイン酸など、コレステロールを低下させる遊離脂肪酸が多く含まれています。LTPだけではなく脂肪酸も健康に大きなメリットを与えてくれるのです。

ただし、ブルーチーズは他のチーズよりも塩分がやや高いため一度に大量に摂ると塩分過多になる可能性がありますので摂取量に注意してください。

クセとクサイは似て非なる

ブルーチーズが苦手だという方は残念ながら多いです。

テレビ番組では罰ゲームに食べさせられたりするくらい残念な立場にあるブルーチーズ。嫌いな人の理由のほとんどは匂いが苦手、もしくは食べた時のツーンとした味がダメというのがほとんどでしょう。そんなお悩みへの答えはこうです。臭いと思ったブルーチーズは、あなたには合わないので食べなくて正解！　です。そんなことを言うと自称チーズ通な方からこんなことを言われるかもしれません。「あの独特の味がいいんだよ。あの味がわからないなんて！」そんなことを言われて、そうか、これがブルーチーズなんだ、我慢して食べよう……。なんて我慢して食べていた方もいるのではないでしょうか？　そんな無駄な我慢はしないでください。

なぜなら本当に美味しいブルーチーズは臭くないのです。何を隠そう、このブルーチーズドリーマーも臭いブルーチーズが嫌いなのです。では、まずいブルーチーズのあの匂いや味がどこから来ているか簡単にご説明しましょう。

ブルーチーズの青カビはチーズ中の脂肪を分解して脂肪酸というものを生成します。この脂肪酸はブルーチーズの匂いや風味を構成するメイン要素として他に、酢酸、酪酸、カプロン酸、カプリル酸などで構成されています。他にもたくさんの芳香成分が発酵の過程で生成されるのですが、その種類は多く、かつての研究でこのような（上図参照）構成で、ブルーチーズの匂いを人工的につくる実験が行われていました。

合成ブルーチーズフレーバーに用いた化合物[1]

化合物	濃度（mg／kg）	
	混合量	チーズに存在する量
酢酸	550	826
酪酸	964	1,448
カプロン酸	606	909
カプリル酸	514	771
アセトン	6.2	3.1
2-ペンタノン	30.3	15.2
2-ヘプタノン	69.5	34.8
2-ノナノン	66.3	33.1
2-ウンデカノン	17.0	8.5
2-ペンタノール	0.9	0.4
2-ヘプタノール	12.1	6.1
2-ノナノール	7.0	3.5
2-フェニルエタノール	2.0	…
酪酸エチル	1.5	…
カプロン酸メチル	6.0	…
カプリル酸メチル	…	…

[1] Anderson および Day(1966).

　これらの成分が複雑にからみ合い、あのブルーチーズの独特な風味をつくり出しています。実はこれらの成分の一部は人間の皮脂よごれの成分と同じものが多く含まれているのです。つまり垢です。そんなことを知ってしまうとますます匂いを嗅ぐのも嫌になってしまいますよね。でも安心してください。これらの成分は同時にワインや、フルーツバターの華やかな香りにも含まれているものです。それらがどのようなバランスで構成されるか、さらには水分相、脂肪相など、どのような配置で匂いが存在しているのかによって全く違う香りになるのです。青カビを主とする微生物の働きをうまくコントロールすることができれば、人間が嫌な匂いを抑え、華やかな香りに溢れたブルーチーズをつくることができるということです。

逆に言えば「臭いな」と思うブルーチーズは、香りのバランスが崩れているということです。熟成の時期や保存の状態などで匂いは常に変わっていきます。真空パックや長く包装されている輸入チーズは、蒸れて不快な香りが出てしまっていることがよくあります。匂いは食べた時の味と密接に関わっているので、嗅いだ時に不快なものを感じた場合、食べても同様の印象を受けるので無理に食べる必要はありません。

江丹別の青いチーズのテーマは「クサくないけどクセになる」です。土地の個性や上質なミルクの風味がしっかり感じられ、かつ嫌な味や臭いのないブルーチーズ。江丹別の青いチーズは世界一のチーズを目指していますが、世界一のチーズとはチーズ好きも、チーズ初心者もみんなが納得して食べられるものだと考えています。どうしてもブルーチーズだけは食べられない！という人を何人もブルーチーズ愛好家に変えてきた実績があります。本当に美味しいブルーチーズはタンパク質が分解されて生成されるアミノ酸と脂肪が分解されて生成される脂肪酸の結晶です。ミルクの旨味と青カビの香りが見事に混ざり合い、見事なハーモニーを奏でています。

他人になんと言われようと、自分が美味しいと思うものだけを食べてください。

第四章

ものづくりから
場所づくりへ。

夢が夢を生む

世界一のチーズをつくると決意してつくり始めた江丹別の青いチーズは、あっという間にたくさんの人に江丹別の魅力を広めてくれました。

今では飛行機のファーストクラスに乗って、文字通り世界を飛び回っています。本州からわざわざ見学に来てくれたり、江丹別に移住してレストランを経営したいという人が現れたり、自然と人が集まってきています。その人たちは、僕が語る夢に頷いて応援してくれます。江丹別が大嫌いだった頃の自分に、こんな未来が待っていると伝えても少しも信じなかったでしょう。それは不可能なことだと言い返したでしょう。

しかし昨日の不可能は今日の努力で明日可能にすることができます。人が決めつけた運命などというものは実は大したものではありません。ただの思い込みにすぎません。かつて、周りの全ての人間に「夢も希望もない」と言われたこの土地は、ブルーチーズをきっかけに希望の大地に変わりました。しかしそれは江丹別が全く別の場所になったわけではありません。昔も今も江丹別は江丹別のままです。住んでいる人間、外から江丹別を見る人間の意識だけが変わったのです。チーズをつくり、故郷の悲しい運命という幻想を消し去ったことで、僕の中にはさらにもうひとつの夢が芽生えるようになってきました。

江丹別を世界一面白い村にするという夢です。自分が夢を見つけ、それに向かって挑む楽しさを教えてくれたこの場所を、たくさんの人の夢が叶う場所にすることができないだろうか。そうして集まった仲間と共に切磋琢磨し、さらに前に進むことができたらどんなに幸せだろうか。そんなことを考えるようになりました。「江丹別で一緒に夢を叶えませんか？」という怪しい口説き文句で出会う人全員を口説くようになりました。「好きなことを仕事にするのは素晴らしいことだ」と様々なところで叫んでみると、世の中にはやりたいことがあるけど、うまくいくかわからないから一歩を踏み出せないまま人生を過ごしている人がとても多いことに気づきます。チーズによって土地の信用が増えていけばいくほど、新たに事業を始める人がその信用をそのまま受け取ることができるはずです。これが土地のブランディングをすることの真の価値です。たくさんの仲間が集まり、それぞれが江丹別の価値を高めあっていくことができれば、世界一の村という途方もなく抽象的な夢も可視化できるようになると考えています。

世界一の村をつくる

江丹別を世界一面白い場所にするという夢はひとりでは叶いません。いろんな夢を持つ人が集まり、自然に地域が形成されていく必要があります。２０１６年１月から「江丹別を世界一の村にする」と宣言してからわずか1年の間に３組の移住者が決定し、新たな事業を始める団体も発足しました。移住組はそれぞれレストラン、パン屋さん、ワイン農家と江丹別の自然を生かした個人事業ですし、新事業は旭川市内のきこり、家具職人、建築会社がグループをつくり江丹別の山から切り出した木材で食器や家具を一貫して製造販売する会社です。それぞれ江丹別の自然を生かしたオンリーワンのスタイルで世界に発信したいという野心家ばかりです。

なぜ江丹別に移住を決めたか？　それは江丹別が夢でいっぱいだからです。江丹別に来れば必ず想像を超えたエキサイティングなことが起きる、素晴らしい人との出会いがある、ここにしかないものに出会える。それこそが本来の地域の在り方だと強く思うのです。

もしかしたら次に来るのはアパレルブランドのお店かもしれませんし、アーティストのアトリエやスタジオができても良いのです。住民一人ひとりが社会に好きなことを発信していく活動を続けることで江丹別全体のブランディングに繋がり、それがまた個人個人のブランド価値を高めていく。信用の循環をつくるのです。どんな夢も叶うプラットフォームとして江丹別という場所を全員で活用していきたいと思います。

村として団結を表すためのイメージがしやすいように旗までつくってしまいました。巻頭のカラー写真で僕が掲げているのがそうです。チーズのパッケージの色を基に自分でつくりました。この革命の旗の下にこれからどんな人たちがさらに集うのか。そしてどんな村になっていくのか。それはこれからのお楽しみとなります。

あとがき

まさか小学生の時に、書いた読書感想文を読み返したら、あまりの文章力のなさに泣き出してしまった過去のある僕が1冊の本を書くことになるとは。世の中わからないものです。為せば成る、なさねば成らぬ何事も。不器用ながら頑張って書きました。最初にお話を頂いた時はまさか最後まで自分で仕上げることになるとは思っていませんでした。どんどんと書き進めている時は調子が良いのですが、あらためて読み返して文章を整理しようとすると途端に手が止まります。やっと進んだかと思えばいつの間にか話が脱線していたり、一度書いたものをまた繰り返してしまったり……。チーズづくりと同じで悪戦苦闘しながらの日々でした。しかし、出版社の皆さんや友人知人のご協力により、なんとか皆様に読んでいただけることができました。

自分自身や他人を「この人はこういう人」という枠の中で整理してしまうのは、とてももったいないことなのかもしれません。「自分は文章を書くのは苦手だから」「人前に出て喋るとか絶対にできない」どれも可能性を探らないうちからの決めつけでしかありません。僕も最初はブルーチーズのつくり方なんて少しもわかりませんでした。当たり前のことですが。そして今もまだわからないことだらけです。毎日、季節の変化の中で上手くいったり失敗したりを繰り返しています。そして少しずつ上手になっていっています。同じ繰り返しのように感じても、螺旋階段のように気づいたらちゃんと上に行けるはずです。世界一はその一歩ずつ進んだ先にしかないのです。少しでもいいものをつくりたいと言う気持ちさえ持ち続けることができれば、一段ずつ上がっていくことができます。そして確実にいつか世界一のものづくりができるようになるはずです。

そしてその実現のためには自分だけではなく、たくさんの人の協力が必要です。完璧な人など存在しません。みんなお互いの欠点を補い合って生きているのです。社会の中でどんな役割を担えるのか、そんな使命感に不安になった時はまずは自分が何がしたいのかということを大事にしてください。自分にしか登れない螺旋階段の先にはたくさんの人の笑顔が待っています。

己の気持ちに正直であれ。誰もがみんなドリーマー！

参考文献

「新説チーズ科学」／ 中沢勇二 細野明義 編 ／ 食品資材研究会

ブルーチーズドリーマー 世界一のチーズをつくる。

2019年7月14日　第一刷発行

著　者　伊勢昇平
発行者　斉藤隆幸
定　価　1400円+税
発売所　エイチエス株式会社　https://www.hs-prj.jp
札幌市中央区北2条西20丁目1-12 佐々木ビル
TEL.011-792-7130　FAX.011-613-3700
印　刷　モリモト印刷株式会社

ISBN978-4-903707-89-1　C-0095